高校数学で解く

軌道力学

田中 彰

高校数学で解く 軌道力学

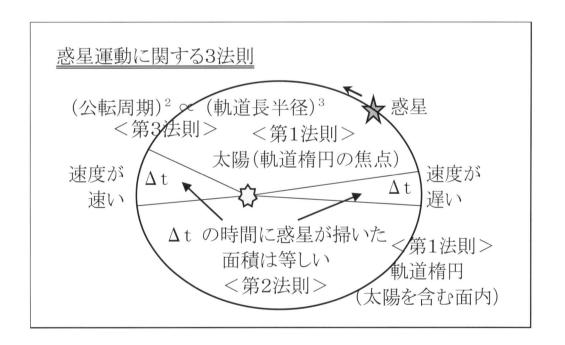

田 中 彰

まえがき

　昭和48年から61年まで、静止衛星の軌道投入及び軌道保持の業務に携わっていた。さらに、昭和59年からは太陽同期準回帰軌道に投入する"もも1号"の打ち上げの準備にも参加した。それ以降、軌道力学に関する業務から離れていた。

　平成23年に、ラグランジュ点の番号について確認のためインターネットを検索して驚いた。太陽−地球系のL3点の位置が2つの記事は地球軌道の内側、2つの記事は外側だった。元同僚が昭和55年頃に解いて見せてくれたL3点の位置は地球軌道の内側であるということを覚えていた。そこで、まず定性的に検討して内側であることが確認できたので、別の元同僚に検討結果を見ていただいたところ、それを氏のブログに掲載していただいた。その後、具体的な位置について検討した結果も氏のブログに掲載していただいた。その検討では、もう一人の元同僚からもコメントを頂き反映していた。

　それならと思い立ち、平成24年5月に「落ち零れの知恵と工夫」というタイトルのブログを開設し、主に"静止衛星の軌道"について発信していた。約2年後に、そのブログのサポートが打ち切られたことからそのブログを終了した。このブログには前述の元同僚3氏からコメントいただき、適時修正していた。

　平成23年4月から、それまで全く経験していなかった裁判所の仕事（家事調停委員）をすることになり、中途半端ではこの仕事はできないと気付き、調停委員業務に注力することとし、軌道力学からは遠ざかっていた。令和3年3月で裁判所の主な仕事が終了したのをきっかけに、軌道力学について再度まとめてみようと思い立ち、令和5年から本書の執筆にとりかかった。

　執筆にあたっては、JAXA、米国航空宇宙局、ヨーロッパ宇宙機関のホームページ等に公表されている内容を引用あるいは参照した。また、適時、用語等について、広辞苑やインターネットを活用し確認した。

　軌道力学に数学は必須であるが、かなりの範囲は中学や高校で習った数学で解ける。数学に程々自信のある人の多くはどうしても高度な数学を使ってみたくなるようだが、まずは中学の数学から始めると間違いが少ない。

　軌道力学の参考書は種々出版されている。また、インターネットで検索すると多くの記事が紹介されている。これらは高度な数学を駆使しているのがほとんどである。

しかし、前述のように、軌道力学のかなりの範囲は高校数学で解ける。そこで、高校数学及びその応用で、軌道力学を、知恵を絞り工夫すればどこまで解けるかに挑戦しようと思い立った。時代により、高校数学の範囲が異なるので、ここでの"高校数学"とは"著者が中学と高校で習った範囲"とする。

　内容は、まず、軌道力学を理解するうえで必要な基本的物理法則、軌道の表し方と軌道要素間の関係、考慮しなければならない外力（摂動力）とその影響を整理する。そして、扱う軌道として"静止軌道"、"太陽同期準回帰軌道"及び"円制限3体問題の特殊解"とする。

　また、数式を追っかけるだけでなく、定性的に理解できるよう、図を駆使し、ナゼそのようになるかを考える。多くの人は、数式を追っかけられると理解できたように思うかもしれないが、それでは本当に理解できたとは思わない。定量的には数式に数値を入れて計算すれば結果は得られるが、ナゼそうなるかという理屈を定性的に理解しないと本当に解ったとは言えないと考えているからだ。

　そして、数式の展開と説明は丁寧に、力学モデルは図示するとともに、できるだけ単純明快を心掛けた。しかし、全体を見直してみると、数式の展開ではフォローに苦心する箇所、理解に時間を要する力学モデルの図も散見する。何度考え直しても簡潔で解かり易くならない数式展開や図もあるが、知恵を絞りできるだけ解かり易くした。自己満足資料である。

　本書の内容に関しては、ほとんどすべて著者が軌道力学の業務に携わっていた時の元同僚と交換した当時のメモ等と著者のノートを参照した。これらは、著者の興味ある範囲について著者の理解を基にまとめたものである。従って、思い違いや見落としもあるかも知れない。また、数学については「宮腰忠『高校数学＋アルファ』共立出版（2010）」、物理は「徳永旻、岡村浩『現代の古典物理』現代書館（1976）」、軌道の摂動については「古在由秀『人工衛星の軌道』宇宙開発事業団　追跡管制部：国立天文台で貸出可（1979）」を適時参照し確認した。

　執筆に当たっては、元同僚の堀井道明氏から適時コメントを頂きながら進めた。ここに、堀井氏及びメモ等を参照させていただいた元同僚各位に心から謝意を表します。

令和6年11月　　　田中　彰

目　次

Ⅰ　基本力学　　　　　　　　　　　　　　　　　　　　　　　1
    Ⅰ－1　　運動の法則　・・・・・・・・・・・・・・・・・・・　1
    Ⅰ－2　　万有引力の法則　・・・・・・・・・・・・・・・・　1
    Ⅰ－3　　万有引力による加速度　・・・・・・・・・・・・・　2
    Ⅰ－4　　中心力と遠心力　・・・・・・・・・・・・・・・・　2
    Ⅰ－5　　2体問題　・・・・・・・・・・・・・・・・・・・　6
    Ⅰ－6　　惑星運動に関する3法則　・・・・・・・・・・・・　9

Ⅱ　人工衛星軌道の表し方と基本的関係式　　　　　　　　　　17
    Ⅱ－1　　カルテシアン軌道要素　・・・・・・・・・・・・・　17
    Ⅱ－2　　ケプラリアン軌道要素と基本的関係式　・・・・・・　18
    Ⅱ－3　　不連続性を回避する軌道要素　・・・・・・・・・・　32

Ⅲ　軌道の摂動と瞬時速度変化による軌道の変化　　　　　　　35
    Ⅲ－1　　地球子午面の扁平による摂動力　・・・・・・・・・　35
    Ⅲ－2　　地球赤道面の扁平による摂動力　・・・・・・・・・　37
    Ⅲ－3　　月・太陽の引力による摂動力　・・・・・・・・・・　38
    Ⅲ－4　　その他の摂動力　・・・・・・・・・・・・・・・・　44
    Ⅲ－5　　瞬時速度変化による軌道の変化　・・・・・・・・・　45
    Ⅲ－6　　ラグランジュの惑星方程式　・・・・・・・・・・・　52

Ⅳ　静止軌道　　　　　　　　　　　　　　　　　　　　　　　55
    Ⅳ－1　　2体問題での静止軌道　・・・・・・・・・・・・・　55
    Ⅳ－2　　静止軌道から少しずれた軌道　・・・・・・・・・・　56
    Ⅳ－3　　静止軌道の摂動　・・・・・・・・・・・・・・・・　59
    Ⅳ－4　　静止軌道の保持　・・・・・・・・・・・・・・・・　78

Ⅴ　太陽同期準回帰軌道　　　　　　　　　　　　　　　　　　85
    Ⅴ－1　　太陽同期軌道　・・・・・・・・・・・・・・・・・　85
    Ⅴ－2　　準回帰軌道　・・・・・・・・・・・・・・・・・・　87
    Ⅴ－3　　太陽同期準回帰軌道　・・・・・・・・・・・・・・　90
    Ⅴ－4　　太陽同期準回帰軌道の摂動　・・・・・・・・・・・　91
    Ⅴ－5　　太陽同期準回帰軌道の保持　・・・・・・・・・・・　101

Ⅵ　円制限3体問題の特殊解　　　　　　　　　　　　　　　　107
    Ⅵ－1　　ラグランジュ点を解く　・・・・・・・・・・・・・　107
    Ⅵ－2　　正三角形解と直線解　・・・・・・・・・・・・・・　110
    Ⅵ－3　　ラグランジュ点の安定性　・・・・・・・・・・・・　114
    Ⅵ－4　　太陽系におけるラグランジュ点　・・・・・・・・・　118

付　録

付録　A	〔軌道力学関係用語〕 ‥‥‥‥‥‥‥‥‥‥‥‥‥	123
付録　B	〔質量と重量について〕 ‥‥‥‥‥‥‥‥‥‥‥	126
付録　C	〔関連用語について〕 ‥‥‥‥‥‥‥‥‥‥‥‥	127
付録　D	〔座標系の回転〕 ‥‥‥‥‥‥‥‥‥‥‥‥‥‥	129
付録　E	〔M から E をニュートン法で計算する〕 ‥‥‥‥	130
付録　F	〔時系と座標系〕 ‥‥‥‥‥‥‥‥‥‥‥‥‥‥	132
付録　G	〔惑星の英語名について〕 ‥‥‥‥‥‥‥‥‥‥	136
付録　H	〔座標と座標系〕 ‥‥‥‥‥‥‥‥‥‥‥‥‥‥	138
付録　I	〔回転方向と右と左〕 ‥‥‥‥‥‥‥‥‥‥‥‥	140
付録　J	〔サロス周期〕 ‥‥‥‥‥‥‥‥‥‥‥‥‥‥‥	141
付録　K	〔うるう年〕 ‥‥‥‥‥‥‥‥‥‥‥‥‥‥‥‥	143
付録　L	〔静止衛星のE－Wドリフト計算例〕 ‥‥‥‥‥‥	145
付録　M	〔J_2項の静止軌道への影響〕 ‥‥‥‥‥‥‥‥‥	149
付録　N	〔J_2項を考慮した静止軌道離心率の別解〕 ‥‥‥‥	151
付録　O	〔J_2項を考慮した地球赤道上質量過多の試算〕 ‥‥‥	154
付録　P	〔太陽系の記号〕 ‥‥‥‥‥‥‥‥‥‥‥‥‥‥	158
付録　Q	〔1日と1年〕 ‥‥‥‥‥‥‥‥‥‥‥‥‥‥‥‥	159
付録　R	〔特殊な衛星軌道とその利用〕 ‥‥‥‥‥‥‥‥	160
付録　S	〔太陽同期性維持制御の計算〕 ‥‥‥‥‥‥‥‥	161
付録　T	〔ALOS 軌道保持の試算〕 ‥‥‥‥‥‥‥‥‥‥	163
付録　U	〔人工衛星の軌道運用〕 ‥‥‥‥‥‥‥‥‥‥‥	167

索引 ‥‥‥‥‥‥‥‥‥‥‥‥‥‥‥‥‥‥‥‥‥‥‥	171

I 基本力学

ここでは、軌道力学の基本となる法則等について確認する。

I－1 運動の法則

<u>第一法則(慣性の法則)</u>

「空間に物体が存在し、その物体に外部から力が働かない限り、物体はその状態を維持し、"静止"しているか"等速直線運動"する。」

<u>第二法則(運動方程式)</u>

「物体に力が働くと、その力と同じ方向に力に比例し質量に反比例する加速度が生じ、物体の動く速度や方向が変わる。」

物体mの質量をm、mに働く力を$\mathbf{F}_m$、力$\mathbf{F}_m$によって物体mに生ずる加速度を$\boldsymbol{\alpha}_m$とすると

$$\mathbf{F}_m = m\boldsymbol{\alpha}_m \tag{1.1}$$

である。これを運動方程式という。

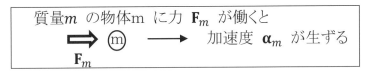

ここで、**太立体**はベクトル(大きさと向きを有する量)、細立体は物体、細斜体は変数・定数を表す。以下同じ。

<u>第三法則(作用反作用の法則)</u>

「2つの物体が互いに力を及ぼし合う時、これらの力は大きさが等しく向きが反対である。」

I－2 万有引力の法則

2つの物体は"質量の積に比例"し"距離の2乗に反比例"する力で互いに引き合う。その力を"万有引力"という。質量Mの物体Mが質量mの物体mを引く万有引力ベクトルを$\mathbf{F}_m$、物体Mから物体mへの位置ベクトルを$\mathbf{r}_{Mm}$とすると

$$\mathbf{F}_m = -\frac{GMm}{r_{Mm}{}^3}\mathbf{r}_{Mm} \tag{1.2}$$

である。ここで、Gは比例定数であり、"万有引力定数"という。
　　　$(G = 6.674 \times 10^{-11} \mathrm{m}^3\mathrm{s}^{-2}\mathrm{kg}^{-1})$

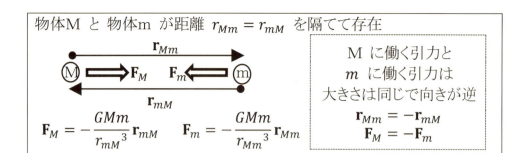

I-3 万有引力による加速度

物体M(質量M)と物体m(質量m)の間の万有引力により物体m に生ずる加速度を $\boldsymbol{\alpha}_m$ とすると、(1.1)、(1.2)より、$\boldsymbol{\alpha}_m$ は次のように求まる。

$$\boldsymbol{\alpha}_m = \frac{\mathbf{F}_m}{m} = -\frac{GM}{r_{Mm}^{\ 3}}\mathbf{r}_{Mm} \tag{1.3}$$

同様に、物体Mに生ずる加速度 $\boldsymbol{\alpha}_M$ は次のようになる。

$$\boldsymbol{\alpha}_M = -\frac{Gm}{r_{Mm}^{\ 3}}\mathbf{r}_{mM} = \frac{Gm}{r_{Mm}^{\ 3}}\mathbf{r}_{Mm} \tag{1.4}$$

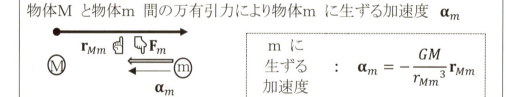

M が地球の場合、$M = 5.972 \times 10^{24}$kg であるが、G も M も単独での計測精度は高くない。通常は $\mu = GM = 3.986004415 \times 10^{14}$m^{3}s^{-2} を採用している。この数値は、人工衛星の軌道測定から精密に求められたものである。そして μ は"地球引力定数"と呼ばれている。

物体M が地球、物体m が地球回りの人工衛星の場合、(1.3)より地球と人工衛星間の万有引力により人工衛星に生ずる加速度は、地球の質量と人工衛星の地球からの距離に依存し、人工衛星の質量には依存しないことがわかる。

I-4 中心力と遠心力

まず、"位置ベクトル"と2つの質点の"質量中心"について確認しておく。

2つの質点(大きさがなく質量がある物体)M、m(質量はそれぞれM、m)のみが存在するとき、それぞれの質点の位置ベクトルを $\mathbf{r}_M$、$\mathbf{r}_m$ とすると、M と m の

質量中心△ の位置ベクトル $\mathbf{r}_\triangle$ は次のようになり(図 1.1)、

$$\mathbf{r}_\triangle = \frac{M\mathbf{r}_M + m\mathbf{r}_m}{M + m} \tag{1.5}$$

M と m の速度をそれぞれ $\mathbf{v}_M$、$\mathbf{v}_m$ とすると、△の速度 $\mathbf{v}_\triangle$ は

$$\mathbf{v}_\triangle = \frac{M\mathbf{v}_M + m\mathbf{v}_m}{M + m} \tag{1.6}$$

だから、M と m に生ずる万有引力による加速度をそれぞれ $\boldsymbol{\alpha}_M$、$\boldsymbol{\alpha}_m$ とすると、△ に生じている加速度 $\boldsymbol{\alpha}_\triangle$ は

$$\boldsymbol{\alpha}_\triangle = \frac{M\boldsymbol{\alpha}_M + m\boldsymbol{\alpha}_m}{M + m} \tag{1.7}$$

である。これに(1.3)、(1.4)を代入すると

$$\boldsymbol{\alpha}_\triangle = \frac{1}{M+m}\left(M\frac{Gm}{r_{Mm}^3}\mathbf{r}_{Mm} - m\frac{GM}{r_{Mm}^3}\mathbf{r}_{Mm}\right) = 0 \tag{1.8}$$

となり、M と m の質量中心△ に加速度は生じていないので、△ には力が働いていない。従って、慣性の法則より △ は静止または等速直線運動している。

また、質量中心△ を基準とした M と m の位置ベクトル $\mathbf{r}_M{}'$、$\mathbf{r}_m{}'$ はそれぞれ次のようになる。ここで、$\mathbf{r}_{Mm}$ は M から m への位置ベクトルである。

$$\left.\begin{aligned}\mathbf{r}_M{}' &= \mathbf{r}_M - \mathbf{r}_\triangle = \frac{m(\mathbf{r}_M - \mathbf{r}_m)}{M+m} = \frac{m}{M+m}\mathbf{r}_{Mm} \\ \mathbf{r}_m{}' &= \mathbf{r}_m - \mathbf{r}_\triangle = \frac{M(\mathbf{r}_m - \mathbf{r}_M)}{M+m} = -\frac{M}{M+m}\mathbf{r}_{Mm} = -\frac{M}{m}\mathbf{r}_M{}'\end{aligned}\right\} \tag{1.9}$$

(1.9)より、M と m の △ からの距離の比 $r_m{}'/r_M{}'$ は M と m の質量の比 M/m となる。

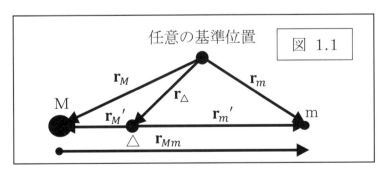

力が働いていない物体が静止または等速直線運動する座標系を"慣性座標系"(あるいは単に"慣性系")という。運動の第二法則(運動方程式)は慣性座標系で成り立つ。これに対して、物体に力が働き加速度運動している座標系を"動座標系"という(付録 H 参照)。

質量Mの物体Mと質量mの物体mのみが存在し、互いに円運動している場合、両物体には他方物体方向に(1.4)、(1.3)の加速度が生じている。この場合、両物体はその質量中心を中心に円運動している。質量中心は加速度運動していないので、△を原点とする座標系は慣性座標系である(付録 H 参照)。

質量mの物体mが半径r_m、速度v_mで△を中心として等速円運動をしている場合、物体mには△方向に加速度が生じている(図 1.2)。物体mの位置ベクトル $\mathbf{r}_m$ と速度ベクトル $\mathbf{v}_m$ の公転周期を P_m とすると、両ベクトルの先端が描く円周はそれぞれ $2\pi r_m$、$2\pi v_m$ なので

$$P_m = \frac{2\pi r_m}{v_m} = \frac{2\pi v_m}{\alpha_m} \tag{1.10}$$

である。

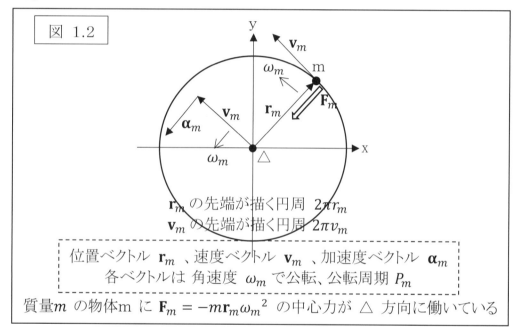

また、公転角速度を ω_m とすると

$$v_m = r_m \omega_m \tag{1.11}$$

だから、(1.10)、(1.11)より、加速度の大きさ α_m は次のように求まる。

$$\alpha_m = \frac{v_m^2}{r_m} = r_m \omega_m^2 \tag{1.12}$$

(1.3)より、加速度ベクトル $\boldsymbol{\alpha}_m$ と位置ベクトル $\mathbf{r}_m$ は逆向きなので、物体mには(1.1)、(1.12)より $m r_m \omega_m^2$ の力が原点△に向かって働いていると考えられる。そうすると、この力は次式で表されることとなり、これが"中心力"である(図 1.2)。

$$\mathbf{F}_m = m\boldsymbol{\alpha}_m = -m\mathbf{r}_m \omega_m^2 \tag{1.13}$$

中心力は物体から原点方向への力であり、その源は、惑星まわりの衛星では、惑星と衛星間の万有引力である。

　ここでは、物体m について考えたが、物体M にも中心力が △ に向かって働いている。その中心力も物体M と物体m 間の万有引力によるものだから、物体m に働いている中心力と同じ大きさで向きが逆である。

　中心力と類似の用語に"向心力"がある。向心力は物体を曲線軌道で動かす力で、常に物体速度の垂直方向を向いている。従って、物体M と物体m が互いに円運動している場合は向心力と中心力はその大きさも方向も同じであり、楕円運動では中心力ベクトルの速度に垂直な成分が向心力である。速度方向の成分は、遠地点から近地点までは物体を加速し、近地点から遠地点では物体を減速する力として働く。遠地点、近地点については Ⅱ－2 参照。

　図 1.2 の運動を、物体m が原点の動座標系で見ると、物体m は動いていないので、物体m には力は働いていないようにみえる。

　しかし、慣性座標系では物体m に中心力が働いており、m を原点とする動座標系では、"中心力と同じ大きさで逆向きの力"が物体m に働いて、中心力を打ち消しているように見える。動座標系で中心力を打ち消している力を"遠心力"という。遠心力は、慣性座標系では現れない、動座標系での見かけの力である。

　この動座標系では、慣性座標系の原点△ は m を中心に回転しており、中心力ベクトルは加速度ベクトルと同じ向き同じ角速度で回転している。そして、その反対側で中心力ベクトルと同じ大きさの遠心力ベクトルが回転している(図 1.3)。

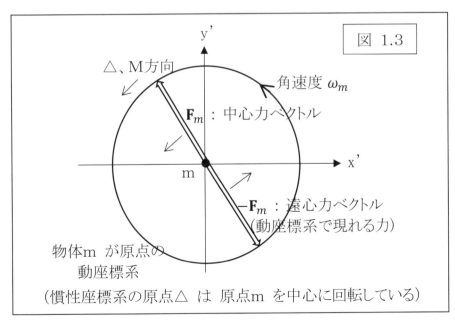

　また、物体m を原点とする動座標系と同様、物体M を原点とする動座標系では、物体M に見かけの力である遠心力が働いている。

"中心力"、"遠心力"、"向心力"に相当する英語表記及びそれぞれの単語の英和辞典による意味は以下である。

中心力 :	Central force	Central	: 中心の、主要な
遠心力 :	Centrifugal force	Centrifugal	: 中心を離れようとする
向心力 :	Centripetal force	Centripetal	: 中心に近づこうとする

Ⅰ－5 2体問題

空間に2つの質点(大きさがなく質量のある物体)のみが存在する場合、2つの質点がどのように運動するかを決定する問題を"2体問題"という。2体問題は惑星や衛星の運動を論ずる場合の基本理論である。

2体問題の最も単純なモデルである、2つの質点が互いに円運動をしている場合に限定して考える。

① 質点Mと質点mの円運動を慣性座標系で考える

両者の質量中心△には(1.8)で確認したように加速度が生じていないので、そこを原点とする座標系は慣性座標系であり、Mとmは両者の質量中心△を中心に相対運動している(図 1.4)。

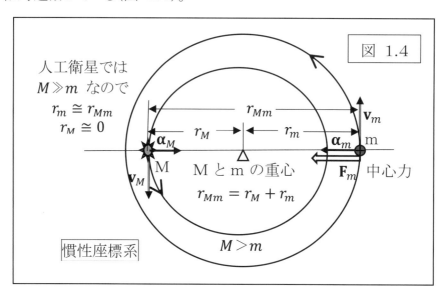

質量中心を中心とした円運動なので、r_{Mm}を質点Mと質点mとの距離とするとM、mの公転半径r_M、r_mは(1.9)より、それぞれ次のようになる。

$$r_M = \frac{m}{M+m} r_{Mm} \quad 、\quad r_m = \frac{M}{M+m} r_{Mm} = \frac{M}{m} r_M \tag{1.14}$$

これより、Mとmの公転半径はMとmの質量に反比例していることがわかる。

ここで、m の公転角速度を ω_m、公転周期を P_m、公転速度を v_m とすると、(1.11)、(1.14)より ω_m は

$$\omega_m = \frac{v_m}{r_m} = \frac{v_m}{\dfrac{M}{M+m}r_{Mm}} \tag{1.15}$$

であり、公転速度 v_m は、(1.10)、(1.14)より、次のようになる。

$$v_m = \frac{2\pi r_m}{P_m} = 2\pi \frac{M}{M+m}r_{Mm}\frac{1}{P_m} \tag{1.16}$$

また、m に働いている中心力 $\mathbf{F}_m$ は(1.13)、(1.14)より次式となる。

$$\mathbf{F}_m = -m\mathbf{r}_m\omega_m^2 = -m\frac{M}{M+m}\mathbf{r}_{Mm}\omega_m{}^2 \tag{1.17}$$

中心力は m と M 間の万有引力だから （1.2） ＝ （1.17） である。

（1.17）の ω_m に(1.15)、(1.15)の v_m に(1.16)を代入すると次のようになる。

$$\begin{aligned}\frac{GMm}{r_{Mm}{}^3}\mathbf{r}_{Mm} &= m\frac{M}{M+m}\mathbf{r}_{Mm}\omega_m{}^2 \qquad [（万有引力）＝（中心力）] \\ &= 4\pi^2 m\frac{M}{M+m}\mathbf{r}_{Mm}\frac{1}{P_m{}^2} \end{aligned} \tag{1.18}$$

これより、m の公転周期 P_m（Mの公転周期 P_M も同じ）は

$$P_m = 2\pi\sqrt{\frac{r_{Mm}{}^3}{G(M+m)}} \qquad [（公転周期）\propto（公転半径）^{3/2}] \tag{1.19}$$

であり、円軌道での惑星運動の第3法則（I－6 参照)を表している。

m の公転速度 v_m は(1.16)、(1.19)より、M の公転速度 v_M も同様に

$$v_m = 2\pi\frac{M}{M+m}r_{Mm}\frac{1}{P_m} = \sqrt{\frac{GM^2}{r_{Mm}(M+m)}} \tag{1.20}$$

$$v_M = 2\pi\frac{m}{M+m}r_{Mm}\frac{1}{P_m} = \sqrt{\frac{Gm^2}{r_{Mm}(M+m)}} \tag{1.21}$$

また、M、m に生じている加速度 $\boldsymbol{\alpha}_M$ は(1.4)、$\boldsymbol{\alpha}_m$ は(1.3)の通りである。

$$\boldsymbol{\alpha}_M = -\frac{Gm}{r_{mM}{}^3}\mathbf{r}_{mM} = \frac{Gm}{r_{Mm}{}^3}\mathbf{r}_{Mm} \tag{1.4}$$

$$\boldsymbol{\alpha}_m = -\frac{GM}{r_{Mm}{}^3}\mathbf{r}_{Mm} \tag{1.3}$$

② 原点を M に移動して M を原点とする動座標系で考える

①を、質点Mを原点とする座標で考えると、より簡単になる。

MとmとMの質量中心を原点とした慣性座標系で表現したmの運動方程式からMの運動方程式を差し引くことで、原点をMに移動する(図 1.5)。

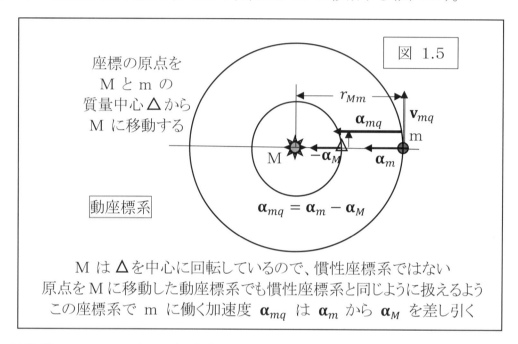

具体的には、m の受ける加速度から M の受ける加速度を差し引き、原点 M に働く引力を相殺することで、この座標系（動座標系）でも、慣性座標系と同様に扱える。

この動座標系で m に生じている加速度 $\boldsymbol{\alpha}_{mq}$ は、(1.3)から(1.4)を差し引いて次のようになる。

$$\boldsymbol{\alpha}_{mq} = \boldsymbol{\alpha}_m - \boldsymbol{\alpha}_M = -\frac{G(M+m)}{r_{Mm}{}^3}\mathbf{r}_{Mm} \tag{1.22}$$

この座標系での m の公転周期 P_m は(1.19)で与えられ、公転半径は r_{Mm} であり、公転速度 v_{mq} は(1.16)、(1.19)より次のようになる。

$$v_{mq} = \frac{2\pi r_{Mm}}{P_m} = \sqrt{\frac{G(M+m)}{r_{Mm}}} \tag{1.23}$$

ここでは、M を原点として m の運動を考えた。(1.22)、(1.23)は M と m が対称に入っている。従って m を原点とした動座標系での M の運動におけ

る α_{Mq}、v_{Mq} は両式の r_{Mm} を r_{mM} に代えると両式は同じである。

I－6　惑星運動に関する3法則

400年程前、デンマークのブラーエ(1546～1601)は聖書に記されている"天動説"を証明するために火星の動きを観測した。証明に至る前に亡くなったことから、その弟子でドイツのケプラー(1571～1630)が観測データを整理し解析し、師匠の思惑とは異なる"地動説"を証明する"惑星運動に関する3法則"を見出した。これは、"ケプラーの法則"とも呼ばれている。

これら3法則は次のようなものである(図 1.6)。

　　第1法則　惑星の運動は太陽を1つの焦点とする楕円軌道を描く
　　第2法則　面積速度は一定である
　　第3法則　惑星の公転周期の2乗は軌道の大きさの3乗に比例する

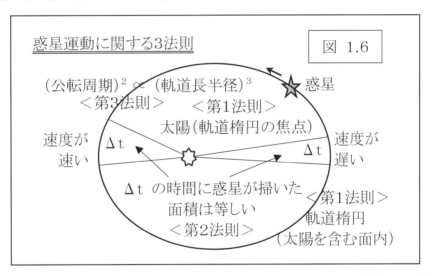

惑星運動の第1法則は、惑星の軌道は楕円であり、太陽が軌道楕円の焦点2つのうちの1つに位置しており、軌道楕円の大きさ、さらに楕円の向きも変化しないこと、また、軌道楕円は太陽を含む面にあるということである。

単位時間に衛星が動いて作る扇型の面積(太陽と惑星を結ぶ線が掃いた面積)を面積速度という。惑星運動の第2法則はこの面積速度が一定ということである。従って、惑星が太陽から遠いところでは公転速度が遅く、太陽に近いところでは公転速度が速い。

惑星運動の第3法則は、惑星が太陽の回りを1周する時間(惑星の公転周期 P_P)と軌道の大きさ(軌道楕円の長半径 a)の関係であり、太陽から遠い惑星ほど公転周期が長いことを定量的に示している。円軌道では、(1.19)で確認している。

ケプラーが法則を見出してから約100年後、イギリスのニュートン(1642～172

7)は、リンゴが木から落ちるのを見たからではなく、惑星運動に関する3法則をヒントに"万有引力の法則"を見出した。そして、それを基に惑星運動に関する3法則を数理的に解いた。また、その約50年後、スイスの位相幾何学の祖といわれているオイラー(1707〜1783)は、2つの質点のみが存在している場合(2体問題)を想定して、惑星運動に関する3法則を力学的に証明した。

　惑星運動に関する3法則を　太陽を原点とする動座標系　で確認する。

　まず、惑星運動の第2法則を考える。

　太陽の引力により惑星に生じる加速度を　$\boldsymbol{\alpha}_{Pq}$、惑星の質量を　m、惑星の速度を　$\mathbf{v}_{Pq}$　とする。質量と速度の積　$m\mathbf{v}_{Pq}$　は"運動量"(付録 A 参照)である。

　加速度　$\boldsymbol{\alpha}_{Pq}$　は速度の時間微分　$\dot{\mathbf{v}}_{Pq}$　だから、惑星の運動量ベクトルを　$\mathbf{M}_{Pq}$　とすると　$\mathbf{M}_{Pq} = m\mathbf{v}_{Pq}$　なので

$$m\boldsymbol{\alpha}_{Pq} = m\dot{\mathbf{v}}_{Pq} = \dot{\mathbf{M}}_{Pq} \tag{1.24}$$

である。惑星の太陽からの位置ベクトルを　$\mathbf{r}_{SP}$　とし、$\mathbf{r}_{SP}$　と　$\dot{\mathbf{M}}_{Pq}$　の外積(付録 A 参照)をとると、$m\boldsymbol{\alpha}_{Pq} = m\dot{\mathbf{v}}_{Pq} = \dot{\mathbf{M}}_{Pq}$　は中心力(1.13)なので、$\mathbf{r}_{SP}$　と　$\dot{\mathbf{v}}_{Pq}$　は互いに平行だから次のようになる。

$$\mathbf{r}_{SP} \times \dot{\mathbf{M}}_{Pq} = \mathbf{r}_{SP} \times m\dot{\mathbf{v}}_{Pq} = 0 \tag{1.25}$$

　ベクトルの外積の大きさは、両ベクトルのなす角を　δ　とすると

$$外積の大きさ ＝ 両ベクトルの絶対値の積 \times \sin\delta \tag{1.26}$$

であり、これは、両ベクトルが作る平行四辺形の面積である。

　位置ベクトルと運動量ベクトルの外積　$\mathbf{r}_{SP} \times m\mathbf{v}_{Pq}$　は"角運動量"(付録 A 参照)である。

　次に　$\mathbf{r}_{SP}$　と　$\mathbf{v}_{Pq}$　の外積を時間微分すると

$$\begin{aligned}\frac{d}{dt}\left[\mathbf{r}_{SP} \times \mathbf{v}_{Pq}\right] &= \mathbf{r}_{SP} \times \frac{d\mathbf{v}_{Pq}}{dt} + \frac{d\mathbf{r}_{SP}}{dt} \times \mathbf{v}_{Pq} \\ &= \mathbf{r}_{SP} \times \dot{\mathbf{v}}_{Pq} + \mathbf{v}_{Pq} \times \mathbf{v}_{Pq} = \mathbf{r}_{SP} \times \dot{\mathbf{v}}_{Pq}\end{aligned} \tag{1.27}$$

となる。(1.27)の両辺に　m　を乗じると(1.25)より次のようになる。

$$m\frac{d}{dt}\left[\mathbf{r}_{SP} \times \mathbf{v}_{Pq}\right] = \mathbf{r}_{SP} \times m\dot{\mathbf{v}}_{Pq} = 0 \tag{1.28}$$

　(1.28)より　$\mathbf{r}_{SP} \times \mathbf{v}_{Pq}$　の時間微分は　0　なので、$\mathbf{r}_{SP} \times \mathbf{v}_{Pq}$　は時間が経過しても変化しない。面積速度は位置ベクトルが単位時間に掃く面積であり、位置ベクトルと速度ベクトルの外積の大きさの半分だから、面積速度は次のようになり、これは一定である。

$$\text{面積速度} = \frac{1}{2}|\mathbf{r}_{SP} \times \mathbf{v}_{Pq}| \quad :\text{一定} \tag{1.29}$$

これで、惑星運動の第2法則が確認できた。

これは、角運動量 $\mathbf{r}_{SP} \times m\mathbf{v}_{Pq}$ は外部から力が働かない限り変わらないことを意味している。これを"角運動量保存の法則(付録 A 参照)"という。

面積速度(1.29)は角運動量 $\mathbf{r}_{SP} \times m\mathbf{v}_{Pq}$ の大きさの $2m$分の1 であり、第2法則は角運動量保存の法則の現れでもある。

惑星の公転角速度を ω_P とすると、円運動では $v_{Pq} = r_{SP}\omega_P$ (1.11)であるが、軌道が円でない場合も含め $\mathbf{r}_{SP}$ と $\mathbf{v}_{Pq}$ のなす角を δ とすると $r_{SP}\omega_P$ は $\mathbf{v}_{Pq}$ の $\mathbf{r}_{SP}$ に垂直な成分だから次のようになる。

$$r_{SP}\omega_P = v_{Pq}\sin\delta \tag{1.30}$$

また、面積速度(1.29)は(1.26)、(1.30)より次式ともなる。

$$\text{面積速度} = \frac{1}{2}r_{SP}v_{Pq}\sin\delta = \frac{1}{2}r_{SP}{}^2\omega_P \tag{1.31}$$

次に、<u>惑星運動の第1法則</u>を考える。

加速度ベクトル $\boldsymbol{\alpha}_{Pq}$ は位置ベクトル $\mathbf{r}_{SP}$ の2階微分 $\ddot{\mathbf{r}}_{SP}$ だから、太陽の質量を M とすると、(1.22)と同様に、次のようになる。

$$\boldsymbol{\alpha}_{Pq} = \frac{d^2\mathbf{r}_{SP}}{dt^2} = \frac{d\dot{\mathbf{r}}_{SP}}{dt} = -\frac{G(M+m)}{r_{SP}{}^3}\mathbf{r}_{SP} \tag{1.32}$$

図 1.7 のように、太陽と惑星を含む面を x－y平面、原点を太陽、任意の方向に x軸、x軸と位置ベクトルのなす角を f とし、(1.32)の $\dot{\mathbf{r}}_{SP}$ を成分に分解する。

$$\left.\begin{array}{l}\dfrac{d\dot{x}}{dt} = -\dfrac{G(M+m)}{r_{SP}{}^2}\cos f \\[2mm] \dfrac{d\dot{y}}{dt} = -\dfrac{G(M+m)}{r_{SP}{}^2}\sin f\end{array}\right\} \tag{1.33}$$

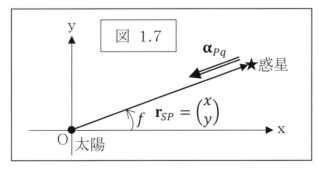

(1.31)より、面積速度 $r_{SP}{}^2\omega_P/2$ は一定なので、面積速度の2倍を

$$C = r_{SP}{}^2\omega_P$$

とおくと、C も一定である。また、

$$\omega_P = \frac{df}{dt} \qquad \Rightarrow \qquad \dot{f} = \frac{C}{r_{SP}{}^2} \tag{1.34}$$

だから、次のようになる。

$$r_{SP}{}^2 = \frac{C}{\dot{f}} \qquad \Rightarrow \qquad C = \frac{df}{dt}r_{SP}{}^2 \tag{1.35}$$

(1.33)に(1.35)を代入し、$r_{SP}{}^2$ を消去し、f について積分する。

$$\left.\begin{aligned}
\frac{d\dot{x}}{df} &= -\frac{G(M+m)}{C}\cos f \\[2mm]
\frac{d\dot{y}}{df} &= -\frac{G(M+m)}{C}\sin f
\end{aligned}\right\} \tag{1.36}$$

$$\left.\begin{aligned}
\dot{x} &= -\frac{G(M+m)}{C}\sin f + A \\[2mm]
\dot{y} &= \frac{G(M+m)}{C}\cos f + B
\end{aligned}\right\} \tag{1.37}$$

ここで A、B は積分定数である。これより

$$\left.\begin{aligned}
(\dot{x} - A) &= -\frac{G(M+m)}{C}\sin f \\[2mm]
(\dot{y} - B) &= \frac{G(M+m)}{C}\cos f
\end{aligned}\right\} \tag{1.38}$$

であり、この両辺を平方して加えると次式が得られる。

$$(\dot{x} - A)^2 + (\dot{y} - B)^2 = \left\{\frac{G(M+m)}{C}\right\}^2 \tag{1.39}$$

この右辺は一定なので、速度ベクトルの先端$(\dot{x}、\dot{y})$が描く図形(ホドグラフ)は$(A、B)$を中心とする円となることを示している。

(1.37)を極座標で $x = r_{SP}\cos f$、$y = r_{SP}\sin f$ として左辺を変形する。

$$\left.\begin{aligned}
\dot{x} &= \dot{r}_{SP}\cos f - r_{SP}\dot{f}\sin f = -\frac{G(M+m)}{C}\sin f + A \\[2mm]
\dot{y} &= \dot{r}_{SP}\sin f + r_{SP}\dot{f}\cos f = \frac{G(M+m)}{C}\cos f + B
\end{aligned}\right\} \tag{1.40}$$

(1.40)の $\dot{x}$ に $\sin f$ を、$\dot{y}$ に $\cos f$ を乗じ、その差をとる。

$$\dot{x}\sin f = \dot{r}_{SP}\cos f \sin f - r_{SP}\dot{f}\sin^2 f = -\frac{G(M+m)}{C}\sin^2 f + A\sin f$$

$$\dot{y}\cos f = \dot{r}_{SP}\sin f \cos f + r_{SP}\dot{f}\cos^2 f = \frac{G(M+m)}{C}\cos^2 f + B\cos f$$

$$r_{SP}\dot{f} = \frac{G(M+m)}{C} - A\sin f + B\cos f \tag{1.41}$$

これに(1.34)を代入し

$$\frac{C}{r_{SP}} = \frac{G(M+m)}{C} - A\sin f + B\cos f \tag{1.42}$$

この両辺を C で割ると次のようになる。

$$\frac{1}{r_{SP}} = \frac{G(M+m)}{C^2} - \frac{A}{C}\sin f + \frac{B}{C}\cos f \tag{1.43}$$

ここで、$A/C \equiv \beta\sin f_0$、$B/C \equiv \beta\cos f_0$ とおき、(1.43)に代入する。A、B、C は一定なので、β も一定である。

$$\frac{1}{r_{SP}} = \frac{G(M+m)}{C^2} + \beta(\cos f \cos f_0 - \sin f \sin f_0)$$

$$= \frac{G(M+m)}{C^2} + \beta\cos(f + f_0) \tag{1.44}$$

$$r_{SP} = \frac{1}{\dfrac{G(M+m)}{C^2} + \beta\cos(f + f_0)} \tag{1.45}$$

さらに、$q \equiv C^2/\{G(M+m)\}$ とおくと q も一定である。

これを(1.45)に代入すると次のようになる。

$$r_{SP} = \frac{1}{\dfrac{1}{q} + \beta\cos(f + f_0)} = \frac{q}{1 + q\beta\cos(f + f_0)} \tag{1.46}$$

β、q は一定なので、(1.46)は原点(太陽)を焦点とする円錐曲線である。惑星軌道は楕円軌道(惑星運動に関する第1法則)であり、彗星軌道は双曲線や放物線軌道の場合もある。

ここで、図 1.8 のように、軌道楕円の長半径を a、離心率を e(軌道長半径、離心率: Ⅱ－2 参照)とする。

近日点(軌道上で太陽に最も近い位置:以降この方向を x軸 とする)、遠日点(軌道上で太陽から最も遠い位置)での動径(Ⅱ－2 参照) $r_{SP(P)}$、$r_{SP(A)}$ 及び f はそれぞれ次のようになる。

$$\left.\begin{array}{llll} \text{近日点(P)} & r_{SP(P)} = a(1 - e) & f = 0 \\ \text{遠日点(A)} & r_{SP(A)} = a(1 + e) & f = \pi \end{array}\right\} \tag{1.47}$$

図 1.8 で、近日点方向を x軸 としたことから、(1.44)で $f_0 = 0$ として(1.47)を代入すると、近日点と遠日点ではそれぞれ次のように表される。次に、この両式の和と差をとる。

$$\left.\begin{array}{ll} \text{近日点(P)} & \dfrac{1}{a(1-e)} = \dfrac{G(M+m)}{C^2} + \dfrac{B}{C} \\[2mm] \text{遠日点(A)} & \dfrac{1}{a(1+e)} = \dfrac{G(M+m)}{C^2} - \dfrac{B}{C} \end{array}\right\} \quad (1.48)$$

$$\frac{G(M+m)}{C^2} = \frac{1}{a(1-e^2)} \quad 、 \quad \frac{B}{C} = \frac{e}{a(1-e^2)} \quad (1.49)$$

$A \equiv C\beta \sin f_0 = 0$ だから、(1.43)にこれらを代入すると

$$\frac{1}{r_{SP}} = \frac{1}{a(1-e^2)} + \frac{e}{a(1-e^2)} \cos f \quad (1.50)$$

であり、これより、動径 r_{SP} を f の関数として表すと次のようになる。

$$r_{SP} = \frac{a(1-e^2)}{1+e\cos f} \quad (1.51)$$

軌道は楕円あるいは円だから $0 \leq e < 1$ なので、これは(1.46)の変形で、軌道要素での動径の表現である。f は真近点離角である（Ⅱ－2参照）。

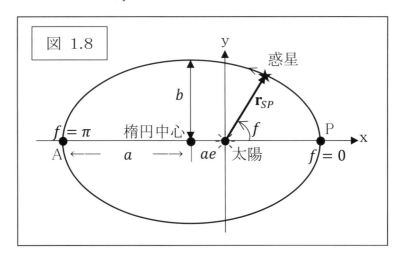

最後に、惑星運動の第3法則を確認する。

軌道は楕円、その短半径は $b = a\sqrt{1-e^2}$ だから、惑星の公転周期を P_P とすると

$$\text{面積速度} = \frac{C}{2} = \frac{\text{軌道楕円の面積}}{\text{公転周期}} = \frac{\pi ab}{P_P} = \frac{\pi a^2 \sqrt{1-e^2}}{P_P}$$

となり、この両辺を平方し 4倍すると次式が得られる。

$$C^2 = \frac{4\pi^2 a^4 (1-e^2)}{P_P{}^2} \qquad \Rightarrow \qquad P_P{}^2 = \frac{4\pi^2 a^4 (1-e^2)}{C^2} \tag{1.52}$$

また、(1.48)の両辺をそれぞれ加えると

$$\frac{1}{a(1-e)} + \frac{1}{a(1+e)} = \frac{2G(M+m)}{C^2}$$
$$\frac{1}{a(1-e^2)} = \frac{G(M+m)}{C^2}$$
$$C^2 = G(M+m)a(1-e^2) \tag{1.53}$$

なので、(1.52)と(1.53)から、次の関係が得られる。

$$\frac{P_P{}^2}{a^3} = \frac{4\pi^2}{G(M+m)} \tag{1.54}$$

これは、惑星運動の第3法則である、惑星の公転周期 P_P の2乗は軌道の大きさ(ここでは軌道長半径 a)の3乗に比例することを示している。

以上で、惑星運動に関する3法則のすべてが確認できた。

II 人工衛星軌道の表し方と基本的関係式

地球回りの人工衛星の軌道の表し方と軌道要素の基本的関係を確認する。

II－1 カルテシアン軌道要素

人工衛星は空間を運動の法則に従って飛行しているので、ある時刻の位置と速度がわかれば、過去と未来の人工衛星の位置を計算することができる。ある時刻の位置と速度は人工衛星の軌道を表す1組のパラメータであり、カルテシアン軌道要素と呼ばれている。ここで、"カルテシアン"とは3次元直交座標を考案したフランスの近世哲学の祖であり解析幾何学の祖であるデカルト(1596～1650)に因み"デカルトの"という意味である。慣性座標系で人工衛星の位置と速度を表すには、空間は3次元なので、6つの独立したパラメータが必要になる。すなわち、位置の3成分と速度の3成分である。

これらは、位置ベクトルを **R**、速度ベクトルは位置ベクトルの時間微分なので $\dot{\mathbf{R}}$ とし、次のように表記する。

$$\mathbf{R} = \begin{pmatrix} X \\ Y \\ Z \end{pmatrix} \quad 、 \quad \dot{\mathbf{R}} = \begin{pmatrix} \dot{X} \\ \dot{Y} \\ \dot{Z} \end{pmatrix} \tag{2.1}$$

<u>カルテシアン軌道要素の座標系</u>

位置も速度もそれを表すためには座標を決めなければならない。人工衛星は地球の回りをまわっているので、"地心"(地球質量中心)を原点とした3次元直角座標とする。そして、地球は自転しているので、その自転軸を一つの軸(Z)とし、赤道面を X－Y平面 とするのが一般的である。

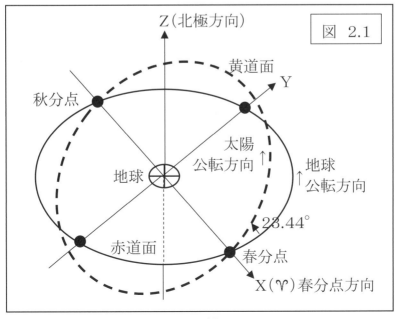

図 2.1

そうすると、赤道面で X軸及びY軸 の方向を決めればよい。その場合、X軸として春分の太陽方向（赤道面と黄道面の交点："春分点方向"）とすることが一般的である。大昔（紀元前2世紀）この方向に牡羊座があったことから、牡羊座の記しである「♈」をその方向を表す記号としている。Y軸 は赤道面で X軸から地球自転方向に90°進んだ方向とし、軌道を表すための座標としている（図 2.1）。これは"赤道座標系"と呼ばれている。

Ⅱ－2 ケプラリアン軌道要素と基本的関係式

人工衛星の位置は時々刻々動いており、速度もそれに従って大きさと方向が変化しているので、カルテシアン軌道要素では軌道の大きさや形を把握しにくい。そこで、これらを具体的に表す方法を考える。2体問題では軌道の形や軌道面は変わらない。軌道は独立した6つのパラメータで表すことができる。そのパラメータとして、軌道の大きさ、形とその向き、軌道面の傾きとその方向、及び特定時刻の人工衛星の軌道上の位置 とする。この軌道要素は、ケプラーに因んで"ケプラリアン軌道要素"と呼ばれている。

まず、軌道面の傾きとその方向の表し方。軌道面と赤道面のなす角を"軌道傾斜角"、衛星が赤道面を南から北に横切る点を"昇交点"と呼び、昇交点のX軸から自転方向の角を"昇交点赤経"という。軌道傾斜角、昇交点赤経はそれぞれ"i"（0度≦i≦180度）、"Ω"（0度≦Ω＜360度）で表すのが通常である（図 2.2）。

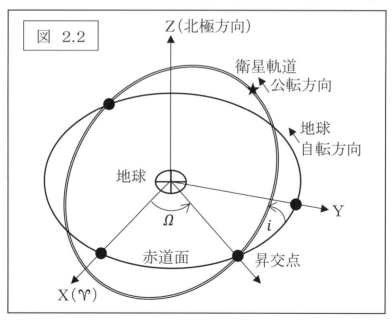

次に、軌道の大きさと形、及びその方向について。軌道の大きさは軌道楕円の長半径を"a"で、形は軌道楕円の離心率を"e"で表す。これらはそれぞれ"軌道長半径"、"離心率"である。軌道楕円の地心に最も近い点が"近地点"、最も遠い点は"遠地点"であり、軌道楕円の方向は近地点の昇交点からの角度で表し、それを"近地点引数"と呼び"ω"で表す（図 2.3）。

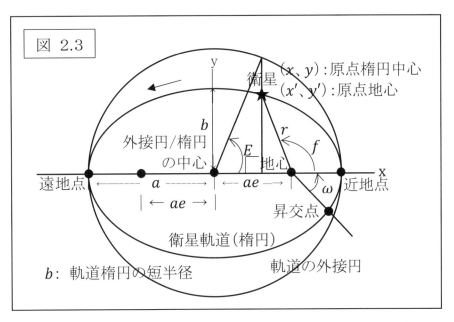

図 2.3

特定の時刻における衛星の軌道上の位置は、近地点方向からの角度で表し、それを"近点離角"という。近点離角には、実際の衛星位置を示す地心から見た衛星の近地点方向からの角度"真近点離角"、中間的な計算のためのパラメータとして衛星位置から軌道長径への垂線と外接円との交点の楕円中心から見た近地点からの角度"離心近点離角"、及び、衛星が平均角速度で動いた場合の位置を示す"平均近点離角"がある。これらはそれぞれ"f"、"E"、"M"で表す(f、E：図 2.3)。

ケプラリアン軌道要素を整理すると次のようになる。

a	軌道長半径	軌道楕円の大きさ	
e	離心率	軌道楕円の形(軌道楕円の離心率)	
i	軌道傾斜角	軌道面の赤道面に対する傾き	
Ω	昇交点赤経	軌道面の方向(昇交点の春分点方向からの角度)	
ω	近地点引数	軌道楕円の向き(近地点の昇交点からの角度)	
f	真近点離角	衛星位置の近地点方向からの角度	真の角度
E	離心近点離角		fとMの中間パラメータ
M	平均近点離角		等速の場合の角度

軌道計算に有用な関係式を列挙する。

地心から衛星までの距離 $|\mathbf{R}|$ ("動径"という)は通常 r で表す(図 2.3)。

$$|\mathbf{R}| = r = a(1 - e\cos E) = \frac{a(1-e^2)}{1+e\cos f} \tag{2.2}$$

衛星の速度の大きさ $|\dot{\mathbf{R}}|$ を v とすると、その動径及び軌道長半径との関係。

$$|\dot{\mathbf{R}}|^2 = v^2 = \mu\left(\frac{2}{r} - \frac{1}{a}\right) \qquad \text{(Vis--viva の式)} \tag{2.3}$$

また、3つの近点離角には次の関係がある。

$$M = E - e\sin E \qquad \text{(ケプラーの方程式)} \tag{2.4}$$

近地点通過時刻を t_0、単位時間に動径が動く平均角度である"平均運動"を n （(4.1)参照)とすると、時刻 t での平均近点離角は $M = n(t - t_0)$ である。

$$\cos f = \frac{\cos E - e}{1 - e\cos E} \tag{2.5}$$

$$\sin f = \frac{\sqrt{1 - e^2}\,\sin E}{1 - e\cos E} \tag{2.6}$$

$$\tan\frac{f}{2} = \sqrt{\frac{1+e}{1-e}}\tan\frac{E}{2} \tag{2.7}$$

円軌道では、$e = 0$、$a = r$、$f = E = M$、$v = \sqrt{\mu/a}$ である。

これらの関係は、惑星運動の法則等より導出できる。

惑星運動の第1法則より、軌道は楕円である。まず、軌道楕円の中心を原点、近地点方向を x軸、軌道面で x軸と直交する軸を y軸 とする2次元直交座標で考える。軌道楕円の長半径は a であり、短半径を b とすると、衛星の位置$(x、y)$ は 図 2.3 より

$$x = r\cos f + ae \qquad 、 \qquad y = r\sin f$$

であり、e は離心率なので、短半径 b は次のようになる。

$$b^2 = a^2 - a^2 e^2 = a^2(1 - e^2) \tag{2.8}$$

次の楕円の式に x、y、b^2 を代入する。

$$\frac{x^2}{a^2} + \frac{y^2}{b^2} = 1 \tag{2.9}$$

$$\frac{(r\cos f + ae)^2}{a^2} + \frac{r^2\sin^2 f}{a^2(1 - e^2)} = 1 \tag{2.10}$$

(2.10)を整理する。

$$(r^2\cos^2 f + 2rae\cos f + a^2 e^2)(1 - e^2)$$
$$+ r^2\sin^2 f - a^2(1 - e^2) = 0$$
$$r^2\cos^2 f + 2rae\cos f + a^2 e^2 - r^2 e^2\cos^2 f - 2rae^3\cos f - a^2 e^4$$
$$+ r^2\sin^2 f + a^2 e^2 - a^2 = 0$$
$$r^2 + 2rae\cos f - r^2 e^2\cos^2 f - 2rae^3\cos f$$

$$+2a^2e^2 - a^2e^4 - a^2 = 0$$
$$r^2(1 - e^2\cos f) + 2rea\cos f\,(1 - e^2) - a^2(1 - 2e^2 + e^4) = 0$$
$$r^2(1 - e\cos f)(1 + e\cos f) + 2rae\cos f\,(1 - e^2) - a^2(1 - e^2)^2$$
$$= 0$$

さらに、第2項は

$$2rae\cos f\,(1 - e^2) = a(1 - e^2)\{r(1 + e\cos f) - r(1 - e\cos f)\}$$

となるから、(2.10)は次のようになる。

$$r^2(1 - e\cos f)(1 + e\cos f) + a(1 - e^2)\{r(1 + e\cos f) - r(1 - e\cos f)\}$$
$$-a^2(1 - e^2)^2 = 0$$

これを因数分解すると次式が得られる。

$$\{r(1 + e\cos f) - a(1 - e^2)\}\{r(1 - e\cos f) + a(1 - e^2)\} = 0 \quad (2.11)$$

ここで、離心率 e は $e < 1$ なので、左辺後半の{}は正だから、(2.11)を満たすのは 前半の{}= 0 である。従って

$$r = \frac{a(1 - e^2)}{1 + e\cos f} \tag{2.2-1}$$

である。これは、(2.2)の後半であり、(1.51)と同じある。

次に、図 2.3 より

$$x = a\cos E$$

なので、これと(2.8)を(2.9)に代入すると

$$\frac{a^2\cos^2 E}{a^2} + \frac{y^2}{a^2(1 - e^2)} = 1$$

となり、y について解く。

$$y^2 = a^2(1 - e^2)(1 - \cos^2 E) = a^2(1 - e^2)\sin^2 E$$
$$y = a\sqrt{1 - e^2}\sin E \tag{2.12}$$

原点が地心の座標での衛星位置を$(x'、y')$とすると 図 2.3、(2.12)より

$$x' = r\cos f = a\cos E - ae = a(\cos E - e) \tag{2.13}$$
$$y' = y = r\sin E = a\sqrt{1 - e^2}\sin E \tag{2.14}$$

である。これから動径を求める。

$$r^2 = x'^2 + y'^2 = a^2(\cos E - e)^2 + a^2(1 - e^2)\sin^2 E$$
$$= a^2(\cos^2 E - 2e\cos E + e^2 + \sin^2 E - e^2\sin^2 E)$$

$$= a^2\{1 - 2e\cos E + e^2(1 - \sin^2 E)\}$$
$$= a^2(1 - 2e\cos E + e^2\cos^2 E) = a^2(1 - e\cos E)^2$$

これより、次式が得られる。これは(2.2)の前半である。

$$r = a(1 - e\cos E) \tag{2.2-2}$$

(2.5)、(2.6)は、(2.13)、(2.14)、(2.2-2)より次のように求まる。

$$\cos f = \frac{x'}{r} = \frac{\cos E - e}{1 - e\cos E} \tag{2.5}$$

$$\sin f = \frac{y'}{r} = \frac{\sqrt{1 - e^2}\sin E}{1 - e\cos E} \tag{2.6}$$

(2.7)は以下のようにすると求まる。(2.5)、(2.6)より次のようになる。

$$\tan f = \frac{\sin f}{\cos f} = \frac{\sqrt{1 - e^2}\sin E}{\cos E - e} \tag{2.15}$$

この式では 分母＝0 となる可能性があるので、それを避けるため、(2.15)の両辺を三角関数の2倍角公式を使って変形する。

左辺は次のようになり

$$\tan f = \frac{2\tan\frac{f}{2}}{1 - \tan^2\frac{f}{2}} \tag{2.16}$$

右辺は次のようになる。

$$\frac{\sqrt{1 - e^2}\sin E}{\cos E - e} = \frac{\sqrt{1 - e^2}\sin\frac{E}{2}\cos\frac{E}{2}}{\cos^2\frac{E}{2} - \sin^2\frac{E}{2} - e}$$

$$= \frac{2\sqrt{(1 - e)(1 + e)}\sin\frac{E}{2}\cos\frac{E}{2}}{\cos^2\frac{E}{2} - \sin^2\frac{E}{2} - e(\cos^2\frac{E}{2} + \sin^2\frac{E}{2})}$$

$$= \frac{2\sqrt{(1 - e)(1 + e)}\sin\frac{E}{2}\cos\frac{E}{2}}{\cos^2\frac{E}{2}(1 - e) - \sin^2\frac{E}{2}(1 + e)} \quad \begin{array}{l}\text{分母子を}\\(1-e)\cos^2(E/2)\\\text{で割る}\end{array}$$

$$= \frac{2\sqrt{\dfrac{(1 - e)(1 + e)}{(1 - e)^2}} \cdot \dfrac{\sin\frac{E}{2}}{\cos\frac{E}{2}}}{1 - \dfrac{1 + e}{1 - e} \cdot \dfrac{\sin^2\frac{E}{2}}{\cos^2\frac{E}{2}}} = \frac{2\sqrt{\dfrac{1 + e}{1 - e}}\tan\frac{E}{2}}{1 - \left(\sqrt{\dfrac{1 + e}{1 - e}}\tan\frac{E}{2}\right)^2} \tag{2.17}$$

これより、(2.16) = (2.17)なので次のようになり

$$
\frac{2\tan\dfrac{f}{2}}{1-\tan^2\dfrac{f}{2}} = \frac{2\sqrt{\dfrac{1+e}{1-e}}\tan\dfrac{E}{2}}{1-\left(\sqrt{\dfrac{1+e}{1-e}}\tan\dfrac{E}{2}\right)^2}
\tag{2.18}
$$

次式が得られる。

$$
\tan\frac{f}{2} = \sqrt{\frac{1+e}{1-e}}\tan\frac{E}{2}
\tag{2.7}
$$

　<u>(2.4)</u>は、惑星運動の第2法則（面積速度一定）より、以下のように解ける。

　楕円の面積は、長半径を a 、短半径を b とすると、(2.8)を代入し

$$
楕円の面積 \; = \; \pi ab = \pi a^2\sqrt{1-e^2}
\tag{2.19}
$$

である。

　また、動径 r が微小時間 dt に $d\theta$ だけ回わって r が掃く面積は、真近点離角の時間微分（＝公転角速度 ω）を $\dot{f}$ とすると $d\theta = \dot{f}dt$ だから

$$
dt \; 時間に \; r \; が掃く面積 = \; \frac{1}{2}r^2 d\theta = \frac{1}{2}r^2\dot{f}dt
\tag{2.20}
$$

である。これは（1.31）の右辺× dt と同じである。(2.19)、(2.20)より、dt 時間に r が掃く面積の2倍は、公転周期を P とすると次のようになる。

$$
r^2 d\theta = r^2\dot{f}dt = \frac{dt}{P}2\pi a^2\sqrt{1-e^2}
\tag{2.21}
$$

さらに、平均運動 n は衛星の平均角速度だから

$$
n = \frac{2\pi}{P}
\tag{2.22}
$$

なので、これを(2.21)に代入すると次式が得られる。

$$
r^2\dot{f} = \frac{2\pi}{P}a^2\sqrt{1-e^2} = na^2\sqrt{1-e^2}
\tag{2.23}
$$

　また、(2.2)、(2.5)、(2.6)より

$$
r\cos f = a(1-e\cos E)\frac{\cos E - e}{1-e\cos E} = a(\cos E - e)
\tag{2.24}
$$

$$
r\sin f = a(1-e\cos E)\frac{\sqrt{1-e^2}\sin E}{1-e\cos E} = a\sqrt{1-e^2}\sin E
\tag{2.25}
$$

であり、これらを時間微分すると次のようになる。

$$\dot{r}\cos f - r\sin f \cdot \dot{f} = -a\sin E \cdot \dot{E} \qquad (2.26)$$

$$\dot{r}\sin f + r\cos f \cdot \dot{f} = a\sqrt{1-e^2}\cos E \cdot \dot{E} \qquad (2.27)$$

(2.26)に $-r\sin f$、(2.27)に $r\cos f$ を乗じ

$$-r\dot{r}\cos f\sin f + r^2\sin^2 f \cdot \dot{f} = ar\sin f\sin E \cdot \dot{E}$$

$$r\dot{r}\sin f\cos f + r^2\cos^2 f \cdot \dot{f} = ar\sqrt{1-e^2}\cos f\cos E \cdot \dot{E}$$

両辺をそれぞれ加算する。

$$r^2\dot{f} = r\dot{E}(a\sin E\sin f + a\sqrt{1-e^2}\cos E\cos f) \qquad (2.28)$$

(2.28)の $r\sin f$、$r\cos f$ に(2.24)、(2.25)を代入する。

$$\begin{aligned}
r^2\dot{f} &= \dot{E}\left\{a^2\sin^2 E\sqrt{1-e^2} + a^2\sqrt{1-e^2}\cos E\,(\cos E - e)\right\} \\
&= \dot{E}(a^2\sqrt{1-e^2} - a^2e\sqrt{1-e^2}\cos E) \\
&= \dot{E}a^2\sqrt{1-e^2}(1 - e\cos E)
\end{aligned} \qquad (2.29)$$

(2.23)、(2.29)より次式が得られる。

$$na^2\sqrt{1-e^2} = \dot{E}a^2\sqrt{1-e^2}(1 - e\cos E)$$

$$n = \dot{E}(1 - e\cos E) \qquad (2.30)$$

(2.30)を $t = 0(E = 0 : 近地点)$ から $t = t(E = E)$ まで積分すると

$$\int_0^t n\,dt = \int_0^t (1 - e\cos E)\dot{E}\,dt = \int_0^E (1 - e\cos E)\,dE$$

$$nt = E - e\sin E$$

であり、(2.22)の両辺に t を乗じると $nt = 2\pi t/P = M$ だから

$$M = E - e\sin E \qquad (2.4)$$

となる。これは(2.4)であり、"ケプラーの方程式"とよばれている。

　エネルギー保存の法則(運動エネルギーと位置エネルギーの和(力学的エネルギー)は一定:付録 A 参照)から Vis-viva の式 と呼ばれている(2.3)を解く。Vis-viva はラテン語で"生きている力"という意味らしい。

　人工衛星の質量を m とすると、衛星の運動エネルギー、位置エネルギー、及び力学的エネルギーは次のようになる。

運動エネルギー 　:　 $\dfrac{1}{2}mv^2$ $\qquad\qquad\qquad\qquad$ (2.31)

位置エネルギー 　:　 $-\dfrac{\mu m}{r}$ 　　(地球の万有引力による) 　(2.32)

$$\text{力学的エネルギー}: \quad \frac{1}{2}mv^2 - \frac{\mu m}{r} \tag{2.33}$$

遠地点、近地点をそれぞれ添え字 a、p で表すと、それぞれの位置での力学的エネルギーは次のようになる。

$$\text{遠地点での力学的エネルギー}: \quad \frac{1}{2}mv_a{}^2 - \frac{\mu m}{r_a} \tag{2.34}$$

$$\text{近地点での力学的エネルギー}: \quad \frac{1}{2}mv_p{}^2 - \frac{\mu m}{r_p} \tag{2.35}$$

エネルギー保存の法則から、(2.34)＝(2.35)なので、次のようになる。

$$\frac{1}{2}mv_a{}^2 - \frac{\mu m}{r_a} = \frac{1}{2}mv_p{}^2 - \frac{\mu m}{r_p} \tag{2.36}$$

$$\frac{v_a{}^2}{2} - \frac{v_p{}^2}{2} = \frac{\mu}{r_a} - \frac{\mu}{r_p} \quad \Rightarrow \quad \frac{1}{2}\left(1 - \frac{v_p{}^2}{v_a{}^2}\right)v_a{}^2 = \mu\frac{r_p - r_a}{r_a r_p} \tag{2.37}$$

遠地点と近地点とでは、位置ベクトルと速度ベクトルは直交しており、遠地点と近地点での角運動量 $mr_a v_a$、$mr_p v_p$ は、角運動量保存の法則（付録 A 参照）より、大きさは同じなので、次の関係となる。

$$r_a v_a = r_p v_p \quad \Rightarrow \quad v_p = \frac{r_a}{r_p}v_a \tag{2.38}$$

(2.37)に(2.38)を代入し整理する。

$$\frac{1}{2}\left(1 - \frac{r_a{}^2}{r_p{}^2}\right)v_a{}^2 = \frac{1}{2}\left(\frac{r_p{}^2 - r_a{}^2}{r_p{}^2}\right)v_a{}^2 = \mu\frac{r_p - r_a}{r_a r_p}$$

$$\frac{1}{2}v_a{}^2 = \frac{r_p - r_a}{r_a r_p} \cdot \frac{r_p{}^2}{r_p{}^2 - r_a{}^2} = \mu\frac{r_p}{r_a(r_p + r_a)} \tag{2.39}$$

ここで、$2a = r_p + r_a$ だから、(2.39)に $r_p = 2a - r_a$ を代入すると次の関係が得られる。

$$\frac{1}{2}v_a{}^2 = \mu\frac{2a - r_a}{2a r_a} = \mu\left(\frac{1}{r_a} - \frac{1}{2a}\right) \tag{2.40}$$

軌道上ではどの位置でもエネルギーは保存されるので

$$\frac{1}{2}v^2 = \mu\left(\frac{1}{r} - \frac{1}{2a}\right) \quad \Rightarrow \quad v^2 = \mu\left(\frac{2}{r} - \frac{1}{a}\right) \tag{2.3}$$

であり、これで(2.3) "Vis-viva の式" が得られた。

　これは、速度を動径と軌道長半径から求める式であるが、軌道上の位置から求める。(2.3)に(2.2)を代入し a を消去すると次にようになる。

$$v^2 = \mu\left(\frac{2}{r} - \frac{1 - e\cos E}{r}\right) = \frac{\mu}{r}(1 + e\cos E) \tag{2.41}$$

以上で、(2.2)から(2.7)の関係式が確認できた。

ケプラリアン軌道要素からカルテシアン軌道要素を求める。

まず、(2.13)、(2.14)をまとめて次のように位置ベクトル **r** を行列表記する。

$$\mathbf{r} = \begin{pmatrix} x' \\ y' \end{pmatrix} = a\begin{pmatrix} \cos E - e \\ \sqrt{1 - e^2}\sin E \end{pmatrix} \tag{2.42}$$

この位置ベクトルは、x′軸が近地点方向なので、まず、x′軸を昇交点方向まで ω 回転する。次に、昇交点方向を軸に i 回転する。そうすると、この座標は赤道面と一致する。そして、最後にZ軸回りにx′軸を春分点方向まで Ω 回転し、カルテシアン軌道要素の座標に合わせる。これらを順に実施すると赤道座標系での位置ベクトル **R** が次のように得られる。座標系の回転は 付録 D 参照。

$$\mathbf{R} = \begin{pmatrix} X \\ Y \\ Z \end{pmatrix} = a\begin{pmatrix} \cos\Omega & -\sin\Omega\cos i \\ \sin\Omega & \cos\Omega\cos i \\ 0 & \sin i \end{pmatrix}\begin{pmatrix} \cos\omega & -\sin\omega \\ \sin\omega & \cos\omega \end{pmatrix}\begin{pmatrix} \cos E - e \\ \sqrt{1 - e^2}\sin E \end{pmatrix} \tag{2.43}$$

次に、速度ベクトルを考える。速度ベクトルは位置ベクトルの時間微分なので、(2.43)を時間微分すると次のようになる。

$$\dot{\mathbf{R}} = \begin{pmatrix} \dot{X} \\ \dot{Y} \\ \dot{Z} \end{pmatrix} = a\begin{pmatrix} \cos\Omega & -\sin\Omega\cos i \\ \sin\Omega & \cos\Omega\cos i \\ 0 & \sin i \end{pmatrix}\begin{pmatrix} \cos\omega & -\sin\omega \\ \sin\omega & \cos\omega \end{pmatrix}\begin{pmatrix} -\sin E \\ \sqrt{1 - e^2}\cos E \end{pmatrix}\dot{E} \tag{2.44}$$

(2.2)より $1 - e\cos E = r/a$ だから、(2.30)に代入すると次式が得られる。

$$\dot{E} = \frac{n}{1 - e\cos E} = \frac{na}{r} \tag{2.45}$$

平均運動 n は公転周期を P とすると(2.22)、(1.54)より、$M \ll m$ なので $m = 0$ とおくと P(公転周期)$= 2\pi\sqrt{a^3/\mu}$ だから $n = \sqrt{\mu/a^3}$ なので、(2.45)は

$$\dot{E} = \sqrt{\frac{\mu}{a^3}} \cdot \frac{a}{r} = \sqrt{\frac{\mu}{a}} \cdot \frac{1}{r} \tag{2.46}$$

となる。これを、(2.44)に代入すると速度ベクトル $\dot{\mathbf{R}}$ が次のように得られる。

$$\dot{\mathbf{R}} = \begin{pmatrix} \dot{X} \\ \dot{Y} \\ \dot{Z} \end{pmatrix} = \frac{\sqrt{\mu a}}{r}\begin{pmatrix} \cos\Omega & -\sin\Omega\cos i \\ \sin\Omega & \cos\Omega\cos i \\ 0 & \sin i \end{pmatrix}\begin{pmatrix} \cos\omega & -\sin\omega \\ \sin\omega & \cos\omega \end{pmatrix}\begin{pmatrix} -\sin E \\ \sqrt{1 - e^2}\cos E \end{pmatrix} \tag{2.47}$$

同様に、カルテシアン軌道要素からケプラリアン軌道要素への変換を考える。

(2.3)より、軌道長半径 a は次のように求まる。

$$a = \frac{\mu r}{2\mu - rv^2} \tag{2.48}$$

(2.2)より、次式が得られる。

$$r = a(1 - e\cos E) \qquad \Rightarrow \qquad e\cos E = \frac{a - r}{a} \tag{2.49}$$

(2.2)を時間微分すると次のようになる。

$$r = a(1 - e\cos E) \qquad \Rightarrow \qquad \dot{r} = ae\sin E \cdot \dot{E} \tag{2.50}$$

次に、(2.50)に(2.45)、$n = \sqrt{\mu/a^3}$ を代入すると次のようになる。

$$\dot{r} = ae\sin E \cdot \sqrt{\frac{\mu}{a}} \cdot \frac{1}{r} \tag{2.51}$$

ここで、$\dot{r}$ は r の変化率であり、$\dot{\mathbf{R}}$ の $\mathbf{R}$ 方向成分だから、$\dot{\mathbf{R}}$ と $\mathbf{R}$ のなす角を θ とすると $\dot{r} = v\cos\theta$ である。これを $\mathbf{R}$ と $\dot{\mathbf{R}}$ の内積であらわすと

$$\dot{r} = v\cos\theta \qquad 、 \qquad \mathbf{R} \cdot \dot{\mathbf{R}} = rv\cos\theta \qquad \Rightarrow \qquad \dot{r} = \frac{\mathbf{R} \cdot \dot{\mathbf{R}}}{r} \tag{2.52}$$

だから、(2.51)、(2.52)より次式が得られる。

$$\frac{\mathbf{R} \cdot \dot{\mathbf{R}}}{r} = ae\sin E \cdot \sqrt{\frac{\mu}{a}} \cdot \frac{1}{r} \qquad \Rightarrow \qquad e\sin E = \frac{\mathbf{R} \cdot \dot{\mathbf{R}}}{\sqrt{\mu a}} \tag{2.53}$$

(2.49)と(2.53)の平方の和より離心率 e は次のようになり

$$e^2 = \left(\frac{a - R}{a}\right)^2 + \frac{(\mathbf{R} \cdot \dot{\mathbf{R}})^2}{\mu a} \qquad \Rightarrow \qquad e = \sqrt{\left(\frac{a - R}{a}\right)^2 + \frac{(\mathbf{R} \cdot \dot{\mathbf{R}})^2}{\mu a}} \tag{2.54}$$

(2.49)、(2.53)より離心近点離角 E は

$$\tan E = \frac{\sin E}{\cos E} = \sqrt{\frac{a}{\mu}} \cdot \frac{\mathbf{R} \cdot \dot{\mathbf{R}}}{a - R} \qquad \Rightarrow \qquad E = \tan^{-1}\left(\sqrt{\frac{a}{\mu}} \cdot \frac{\mathbf{R} \cdot \dot{\mathbf{R}}}{a - R}\right) \tag{2.55}$$

である。ここで、$\cos E < 0$ の場合、$E + \pi$ を改めて E とする。

また、(2.5)、(2.54)、(2.55)より真近点離角 f が

$$f = \cos^{-1}\left(\frac{\cos E - e}{1 - e\cos E}\right) \tag{2.56}$$

と求まる。ここでも、$\cos E < 0$ の場合、$f + \pi$ を改めて f とする。

位置ベクトル $\mathbf{R}$ と速度ベクトル $\dot{\mathbf{R}}$ の外積を $\mathbf{O}$ とすると $\mathbf{O}$ は

$$\mathbf{O} = \mathbf{R} \times \dot{\mathbf{R}} = \begin{pmatrix} O_x \\ O_y \\ O_z \end{pmatrix} \tag{2.57}$$

であり、軌道面に垂直である。また、Z軸方向の単位ベクトル $\mathbf{Z}$ は

$$\mathbf{Z} = \begin{pmatrix} 0 \\ 0 \\ 1 \end{pmatrix} \tag{2.58}$$

だから、昇交点方向のベクトル $\mathbf{\Omega}$ は、$\mathbf{Z}$ と $\mathbf{O}$ の外積方向なので

$$\mathbf{\Omega} = \mathbf{Z} \times \mathbf{O} = \begin{pmatrix} -O_y \\ O_x \\ 0 \end{pmatrix} \tag{2.59}$$

である。(2.57)、(2.59)より<u>軌道傾斜角 i</u>、<u>昇交点赤経 Ω</u> は

$$i = \cos^{-1} \frac{O_z}{|\mathbf{O}|} \tag{2.60}$$

$$\Omega = \tan^{-1} \frac{O_x}{-O_y} \tag{2.61}$$

と求まる。

ここで、$\varphi = \omega + f$ とおくと、これは昇交点から衛星までの動径回転角（緯度引数という）であり、位置ベクトル $\mathbf{R}$ と昇交点方向のベクトル $\mathbf{\Omega}$ の内積から

$$\varphi = \cos^{-1} \frac{\mathbf{R} \cdot \mathbf{\Omega}}{|\mathbf{R}||\mathbf{\Omega}|} \tag{2.62}$$

である。ここで、$Z < 0$ の場合、$2\pi - \varphi$ を改めて φ とする。これと(2.56)より、<u>近地点引数 ω</u> は次のように求まる。

$$\omega = \varphi - f \tag{2.63}$$

さらに、(2.4)のケプラーの方程式に、(2.54)、(2.55)で求めた離心率 e と離心近点離角 E を代入することにより<u>平均近点離角 M</u> が求まる。

以上で、カルテシアン軌道要素からケプラリアン軌道要素に変換できた。

(2.43)、(2.47)は離心近点離角 E から位置と速度のベクトルを求めている。ケプラリアン軌道要素では、近点離角として平均近点離角 M が与えられることが多い。この場合、平均近点離角 M から離心近点離角 E に換算する必要がある。これは、ケプラーの方程式(2.4)を E を未知数としてみると E の超越方

程式（超越関数（三角関数、対数関数、指数関数等）を含む方程式）なので、M から E を求める解法はニュートン法となる。

その他の方法として、E を M で表現する展開式で近似できる。堀井道明氏からの私信による展開式の e^{10} までの項、及び係数を数値化する前の無限次までの展開式を示す。このオリジナルは「Brouwer ＆ Clemence、"Metod of Celestial Mechanics"、Academic Press （1961）」とのことである。カッコ内初項の係数は次数が上がっても小さくならないので、離心率 e が小さい場合に適用できる。$e = 0.5$ までなら 1×10^{-2} 度オーダーの誤差で計算できる。

$$
\begin{aligned}
E \cong M &+ \left(e - \frac{1}{8}e^3 + \frac{1}{192}e^5 - \frac{1}{9216}e^7 + \frac{1}{73280}e^9 \right) \sin M \\
&+ \left(\frac{1}{2}e^2 - \frac{1}{6}e^4 + \frac{1}{48}e^6 - \frac{1}{720}e^8 + \frac{1}{17280}e^{10} \right) \sin 2M \\
&+ \left(\frac{3}{8}e^3 - \frac{27}{128}e^5 - \frac{243}{5120}e^5 - \frac{243}{40960}e^7 \right) \sin 3M \\
&+ \left(\frac{1}{3}e^4 - \frac{4}{15}e^6 + \frac{4}{45}e^8 - \frac{16}{945} \right) \sin 4M \\
&+ \left(\frac{125}{384}e^5 - \frac{3125}{9216}e^7 + \frac{78125}{516096}e^9 \right) \sin 5M \\
&+ \left(\frac{27}{80}e^6 - \frac{243}{560}e^8 + \frac{2187}{8960}e^{10} \right) \sin 6M \\
&+ \left(\frac{16807}{46080}e^7 - \frac{823543}{1474560}e^9 \right) \sin 7M + \left(\frac{128}{315}e^8 - \frac{2048}{2835}e^{10} \right) \sin 8M \\
&+ \frac{531441}{1146880}e^9 \sin 9M + \frac{78125}{145152}e^{10} \sin 10M
\end{aligned}
\tag{2.64}
$$

係数を数値化する前の展開式は以下である。

$$
M = E - e \sin E
$$
$$
E = M + \sum_{n=1}^{\infty} \frac{2 J_n(ne)}{n} \sin(nM)
$$
$$
E = M + \sum_{n=1}^{\infty} \left\{ \sum_{m=n, n+2, \dots}^{\infty} \frac{(-1)^{(m-n)/2} n^{m-1}}{2^{m-1}\big((m-n)/2\big)! \big((m+n)/2\big)!} e^m \right\} \sin(nM)
$$

ここで、$J_n(n)$ は n 次の第1種ベッセル関数 である。

ケプラリアン軌道要素からカルテシアン軌道要素への変換の具体的方法としてエクセルを利用することが考えられる、その場合、以下のようになる。

（2.43）、（2.47）から計算する。また、ケプラリアン軌道要素の近点離角は、平均近点離角で与えられることが多いので、その場合には、まず、（2.64）で離心近点離角に換算する。あるいは、ニュートン法で換算する。ニュートン法で平均近点離角から離心近点離角を求める方法は 付録 E 参照。

離心率が小さい静止軌道等では、平均近点離角 M から真近点離角 f を求める近似式も有効である。これは以下のように近似できる。

（2.5）、（2.6）を微分する。

$$-\sin f \cdot df = \frac{-\sin E(1 - e\cos E) - (\cos E - e)e\sin E}{(1 - e\cos E)^2}dE$$
$$= \frac{-(1 - e^2)\sin E}{(1 - e\cos E)^2}dE \tag{2.65}$$

$$\cos f \cdot df = \frac{\sqrt{1 - e^2}\cos E(1 - e\cos E) - \sqrt{1 - e^2}\sin E \cdot e\sin E}{(1 - e\cos E)^2}dE$$
$$= \frac{\sqrt{1 - e^2}(\cos E - e)}{(1 - e\cos E)^2}dE \tag{2.66}$$

（2.65）、（2.66）の平方の和は次のようになり、さらにそれを開き dM で割る。

$$(1 - e\cos E)^4(df)^2 = (1 - e^2)\{(1 - e^2)\sin^2 E + (\cos E - e)^2\}(dE)^2$$
$$= (1 - e^2)(1 - e\cos e)^2(dE)^2$$

$$df = \frac{\sqrt{1 - e^2}}{1 - e\cos E}dE \quad \Rightarrow \quad \frac{df}{dM} = \frac{\sqrt{1 - e^2}}{1 - e\cos E} \cdot \frac{dE}{dM} \tag{2.67}$$

次に、ケプラーの方程式（2.4）を微分する。

$$dM = (1 - e\cos E)dE \quad \Rightarrow \quad \frac{dM}{dE} = 1 - e\cos E \tag{2.68}$$

（2.67）に（2.68）を代入すると次のようになる。

$$\frac{df}{dM} = \sqrt{1 - e^2}\left(\frac{dE}{dM}\right)^2 \tag{2.69}$$

$e \ll 1$ では、（2.64）の e 項 のみで相当精度が得られるので、ここでは e 項 のみを採用し、それを微分する。

$$E \cong M - e\sin M \quad \Rightarrow \quad \frac{dE}{dM} \cong 1 + e\cos M \tag{2.70}$$

（2.69）に（2.70）を代入し $e \ll 1$ では $e^2 \cong 0$ と近似すると次のようになる。

$$\frac{df}{dM} \cong \sqrt{1 - e^2}(1 + e\cos M)^2 = \sqrt{1 - e^2}(1 + 2e\cos M + e^2\cos^2 M)$$
$$\cong 1 + 2e\cos M \tag{2.71}$$

これを積分すると次式が得られる。

$$f \cong M + 2e\sin M \tag{2.72}$$

これで、M から f を求める近似式が得られた。また、$e \leq 10^{-4}$ の静止軌道であれば、(2.64)も(2.72)同様に、e項 のみで実用的な精度は得られる。

(2.72)の右辺第2項は"中心差"と呼ばれている。中心差の例として $e \neq 0$ の静止衛星の日周運動示す。

静止軌道の軌道長半径を $a = a_g$、軌道傾斜角は $i_g = 0$ とし、地心から見た衛星の1日の動きを考える。

$e = 0$ であれば、衛星は地球の自転と同期しているので、東西方向も南北方向も動径も、地心が原点の自転と共に動いている座標系(回転座標系)で見ると変化しない。

$e = 0$ でない場合、$e \ll 1$ であれば f は(2.72)で近似できる。静止衛星なので、平均近点離角 M の時間微分である平均運動は地球の自転角速度と同じである。従って、回転座標系で見た東西方向の動き ΔL は、真の衛星位置(真近点離角 f)と平均位置(平均近点離角 M)との差 $f - M$ であり、(2.72)より、静止軌道上東西方向の変位 ΔL は次のようになる。

$$\Delta L \cong a_g(f - M) \cong a_g(M + 2e\sin M - M) = 2a_g e \sin M \qquad (2.73)$$

また、動径の静止位置からの動径方向の変位 ΔR は、(2.2)より、$e \ll 1$ なので $\cos E \cong \cos M$ と近似((2.64)の e項のみ と同等)すると次のようになる。

$$\Delta R = a_g - a_g(1 - e\cos E) \cong a_g e \cos M \qquad (2.74)$$

(2.73)、(2.74)より、日周運動は静止位置を中心とする次の楕円となる(図 2.4)。

$$\frac{(\Delta L)^2}{(2a_g e)^2} + \frac{(\Delta R)^2}{(a_g e)^2} = 1 \qquad (2.75)$$

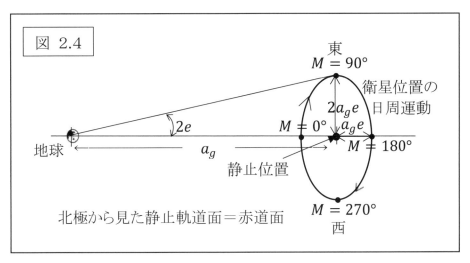

これより、長径が東西方向で $2a_g e$、短径が動径方向で $a_g e$ の楕円に沿って衛星が時計回りに日周運動することがわかる(図 2.4)。

II-3 不連続性を回避する軌道要素

離心率 e と軌道傾斜角 i が"0"付近では近地点引数 ω や昇交点赤経 Ω が不連続となる。それを回避するための軌道要素を考える。

地球観測衛星では、軌道傾斜角の大きい円軌道を採用する。この軌道では離心率が $e \cong 0$ なので、近地点引数 ω が不連続になることがある。そのため、"離心率ベクトル" $\mathbf{e}_p$ を次のように定義する。(図 2.5)

$$\mathbf{e}_p \equiv \begin{pmatrix} e_{px} \\ e_{py} \end{pmatrix} = e \begin{pmatrix} \cos\omega \\ \sin\omega \end{pmatrix} \tag{2.76}$$

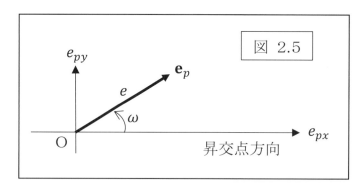

また、3つの近点離角は $f \cong E \cong M$ だから、近地点引数 ω と真近点離角の和を"緯度引数" φ として扱う。これは、衛星位置の昇交点からの角度である。

$$\varphi \equiv \omega + f \cong \omega + E \cong \omega + M \tag{2.77}$$

静止軌道では、さらに軌道傾斜角 i も $i \cong 0$ なので、昇交点方向の特定も難しい。そこで、静止軌道では、"軌道面ベクトル"を $\mathbf{i}_g$、"離心率ベクトル"を $\mathbf{e}_g$ として、次式を採用する(図 2.6)、(図 2.7)。

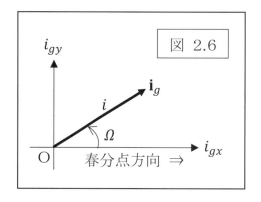
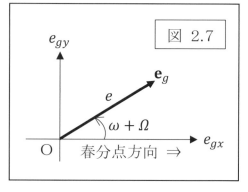

$$\mathbf{i}_g \equiv \begin{pmatrix} i_{gx} \\ i_{gy} \end{pmatrix} = i \begin{pmatrix} \cos\Omega \\ \sin\Omega \end{pmatrix} \tag{2.78}$$

$$\mathbf{e}_g \equiv \begin{pmatrix} e_{gx} \\ e_{gy} \end{pmatrix} = e \begin{pmatrix} \cos(\omega + \Omega) \\ \sin(\omega + \Omega) \end{pmatrix} \tag{2.79}$$

静止衛星の場合も円軌道だから、$f \cong E \cong M$ であり、昇交点の方向は不連続になりかねないので"平均経度" $\bar{\lambda}$ を導入する。

$$\bar{\lambda} \equiv \Omega + \omega + M \cong \Omega + \omega + f \cong \Omega + \omega + E \tag{2.80}$$

$\bar{\lambda}$ は衛星の春分点方向からの角度だから、衛星の平均直下点経度 λ は次のように表される。

$$\lambda \equiv \bar{\lambda} - \theta_g \tag{2.81}$$

θ_g はグリニッジ恒星時（付録 F 参照）で、春分点方向からグリニッジ子午線までの赤道上の角度（または時間）である。

Ⅲ　軌道の摂動と瞬時速度変化による軌道の変化

　地球と人工衛星が質点で、それ以外に質量のある物体が存在しない場合、人工衛星の運動は2体問題で解ける。しかし、地球も人工衛星も質点ではなく、それ以外に月や太陽も存在する。そのため、人工衛星の運動は2体問題からずれる。2体問題からずれることを軌道の摂動と呼び、そのずれの原因を摂動源という。

　人工衛星の軌道の計算で考慮しなければならない摂動源として、①地球が質点でないこと、②月と太陽の引力、人工衛星が質点でないことから③大気の抵抗を受けること、及び④太陽輻射の圧力を受けること　がある。これらの結果として軌道が変化する。これらについて概説する。

　"地球重力ポテンシャル"（地球重力による位置エネルギー）は、距離のみによる項、距離と緯度に関係する項、及び距離、緯度と経度に関する項からなる関数で表されている。このうち、距離のみによる項は、地球が質点である場合のモデルである。①の地球が質点でないことでは、距離と緯度に関する項を"zonal項"（zonal：帯の）、距離、緯度と経度に関する項は"non-zonal項"又は"tesseral項"（tesseral：モザイクの）と呼ばれている。この地球重力ポテンシャルの最新モデルは、人工衛星の軌道測定を活用して精密に求められている。この関数及び摂動に関する関数を理解するには大変複雑で高度な数学知識が必要なため、次章以降では必要な範囲で結果を示す。

　また、速度が瞬時に変化した場合に軌道がどのように変化するかを、まず、Ⅰ、Ⅱ章で導出した関係式等を基に近似する。これにより、摂動で軌道がどのように変化するかのイメージがつかめる。さらに、摂動や軌道変換の計算で活用されている"ラグランジュの惑星方程式"を紹介する。

Ⅲ－1　地球子午面の扁平による摂動力

　地球は赤道方向に扁平である。さらに詳細には、上述の　zonal項　として緯度の関数として表されている。ここでは、高次の項は無視し、地球を回転楕円体と考えたモデルで考える。

　球体地球（体積が地球と同じ球体）に対して楕円体地球（実際の地球にほぼ一致した回転楕円体）の極半径は赤道半径（約6378km）より約21km小さい。楕円体地球とジオイド（地球重力の方向に垂直で、平均海水面とほぼ一致する曲面：ジオポテンシャル面）の地心からの高さの差は最大100m程度なので、ここでは楕円体地球とジオイドを同一視する。

　地球が球体でないため、人工衛星に働く地球の質量による引力の方向が両極及び赤道以外では地心方向からずれ、その大きさも位置により異なる。

これを、南北極上を通る円軌道（円の極軌道：$e = 0$、$i = 90°$）で考える。

図 3.1 で、軌道上のB点ではジオイドからの高度が軌道上の平均より高いため、2体問題における引力（地球が質点である場合に受ける引力）は実引力より大きく、その差が摂動力 $\mathbf{P}_B$ となり、その方向は天頂方向である。同様に、A点では、2体問題における引力は実引力より小さく、その差である摂動力 $\mathbf{P}_A$ の方向は地心方向である。

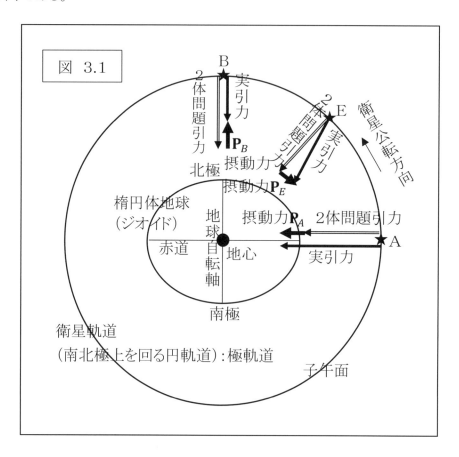

これらのことより、赤道上の質量は均質な球体地球に比較して過多であり、両極に近いところでは過少であるとみなせる（付録 O 参照）。

質量過少分は極に集中しており、質量過多分は赤道上に分散しているため、$\mathbf{P}_B$ は $\mathbf{P}_A$ に比較すると大きい。

E点では、2体問題では地球の引力は地心（地球の質量中心）を向いているが、ジオイドの赤道半径は極半径よりも大きい扁平であるため、実際の引力の方向はジオイドの接線に垂直であり、地心よりもA点方向にずれている。そのため、点Eでの摂動力 $\mathbf{P}_E$ は軌道の接線方向（図 3.1 では右斜め下方向）となる。

地球の扁平による摂動力の大きさと方向のイメージを示すと 図 3.2 のようになる。

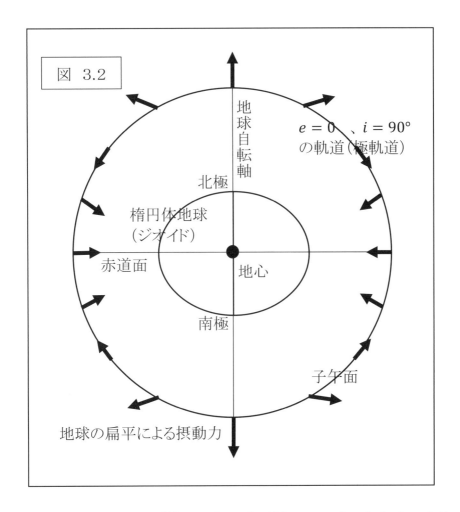

　地球の子午面断面はほぼ楕円であるが、詳細にみると、北半球の中緯度及び南極は楕円から少し凹んでいる。そのことから形状として"洋ナシ型"と言われている。

Ⅲ－2　地球赤道面の扁平による摂動力

　実際のジオイドの赤道面は西経12度（東経348度）と東経162度方向に少し長いほぼ楕円である。そのため赤道上東経75度、162度、255度、348度以外では引力の方向は地心からずれる。

　また、引力の大きさは、東経75度、255度では平均より小さく、東経162度、348度では大きい。

　その結果として、摂動力（ここでは、赤道面上の平均との差）は、$i = 0°$ の円軌道（$e = 0$）で考えると子午面の扁平と同様、図 3.3 のようになる。

　この摂動力は大きくはないが、地球自転と同期した静止衛星では、衛星の東西方向の動きが小さく、摂動力が蓄積されるので、無視できない。

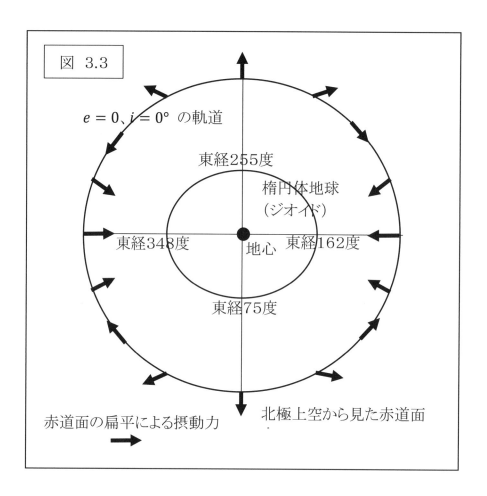

Ⅲ-3 月・太陽の引力による摂動力

　月や太陽の引力により、潮の干満が生じる。この、干満を生じさせる力を"潮汐力"という。

　月から地心(地球の質量中心)までの距離は地球の月側の表面より遠く、月の反対側の表面は地心までの距離より遠い。そのため、地球の月側表面、地心、月の反対側表面では、月による引力の大きさに差が生じる。この引力の差が"潮汐力"の源であり、このことにより潮の干満が起こる。太陽の引力についても同様である。

　ここでは、月の引力による潮汐力により衛星に生ずる加速度の大きさを比較する。これを、地心を原点とする動座標系で計算する。

　地球の表面と同じように、地球回りの人工衛星についても同様な力が働く。地球と月を固定し、地球と月を含む面上を円軌道で周回する衛星を例に、衛星に働く月の潮汐力を考える。衛星軌道の長半径を a とする。

　軌道上の月に最も近い点をA点、最も遠い点をC点、衛星公転のA点からC点への中央の点をB点、C点からA点への中央の点をD点とする(図 3.4)。

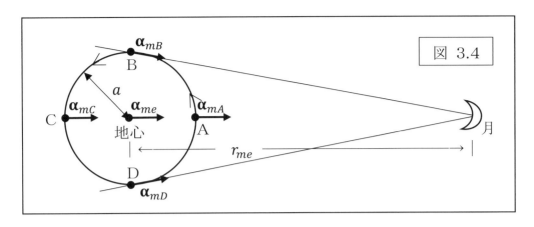

A、B、C、D 各地点に衛星があるとき、月の引力による加速度の大きさをそれぞれ α_{mA}、α_{mB}、α_{mC}、α_{mD}、地心が受ける月による加速度の大きさを α_{me}、月の質量を M_m、地心から月までの距離を r_{me} とする(図 3.4)と、各地点で受ける月の引力による加速度の大きさは(1.3)より次のようになる。

$$\alpha_{mA} = \frac{GM_m}{(r_{me} - a)^2} \tag{3.1}$$

$$\alpha_{mB} = \alpha_{mD} = \frac{GM_m}{r_{me}^2 + a^2} \tag{3.2}$$

$$\alpha_{mC} = \frac{GM_m}{(r_{me} + a)^2} \tag{3.3}$$

$$\alpha_{me} = \frac{GM_m}{r_{me}^2} \tag{3.4}$$

ここで、以下の数式の近似で有用な1次近似の公式を紹介する。$|e| \ll 1$、$|a| \ll 1$、$|b| \ll 1$ のとき、次のように近似できる。これらは、n、m の正負にかかわらず、さらに、整数でない任意の実数でも成り立つ。

$$(1 + e)^n \cong 1 + ne \tag{3.5}$$
$$(r + a)^n \cong r^n + nar^{n-1} \tag{3.6}$$
$$(r + a)(s + b) \cong rs + rb + sa \tag{3.7}$$

この応用として、次のようになる。

$$(r + a)^m (r + b)^n \cong r^{m+n} + (ma + nb)r^{m+n-1} \tag{3.8}$$

$$\frac{(r + a)^m}{(r + b)^n} \cong r^{m-n} + (ma - nb)r^{m-n-1} \tag{3.9}$$

(3.9)は(3.8)の n を $-n$ に置き換えたものである。

地心が原点の動座標系では、A点における月の引力による加速度 α_{mAq} の大きさは、(1.22)と同様に、(3.1)と(3.4)の差として次式で表される。

$$\alpha_{mAq} = |\alpha_{mA} - \alpha_{me}| = GM_m \left\{ \frac{1}{(r_{me} - a)^2} - \frac{1}{r_{me}{}^2} \right\} \qquad (3.10)$$

$$= GM_m \frac{(2r_{me} - a)a}{r_{me}{}^2 (r_{me} - a)^2} \underset{①}{\cong} GM_m \frac{(2r_{me} - a)a}{r_{me}{}^3 (r_{me} - 2a)} \qquad (3.11)$$

$$\underset{②}{\cong} GM_m \frac{(2r_{me} + 3a)a}{r_{me}{}^4} \qquad (3.12)$$

①〈(3.5)で近似〉　$r_{me}{}^2 (r_{me} - a)^2 \cong r_{me}{}^2 (r_{me}{}^2 - 2ar_{me}) = r_{me}{}^3 (r_{me} - 2a)$

②〈(3.9)で近似〉　$\dfrac{2r_{me} - a}{r_{me} - 2a} = 2 \dfrac{r_{me} - \dfrac{a}{2}}{r_{me} - 2a} \cong 2 \left\{ r_{me}{}^0 + \left(-\dfrac{a}{2} + 2a \right) r_{me}{}^{-1} \right\}$

$$= 2 \left(1 + \frac{\dfrac{3}{2}a}{r_{me}} \right) = \frac{2r_{me} + 3a}{r_{me}}$$

同様にC点では次のように得られる。

$$\alpha_{mCq} = |\alpha_{mC} - \alpha_{me}| = GM_m \left\{ \frac{1}{r_{me}{}^2} - \frac{1}{(r_{me} + a)^2} \right\} \qquad (3.13)$$

$$= GM_m \frac{(2r_{me} + a)a}{r_{me}{}^2 (r_{me} + a)^2} \cong GM_m \frac{(2r_{me} + a)a}{r_{me}{}^3 (r_{me} + 2a)} \qquad (3.14)$$

$$\cong GM_m \frac{(2r_{me} - 3a)a}{r_{me}{}^4} \qquad (3.15)$$

(3.12)、(3.15)より　α_{mAq} と α_{mCq} 大きさの比は次のようになる。

$$\frac{\alpha_{mCq}}{\alpha_{mAq}} \cong \frac{2r_{me} - 3a}{2r_{me} + 3a} = \frac{r_{me} - \dfrac{3}{2}a}{r_{me} + \dfrac{3}{2}a}$$

$$\langle (3.9) で近似 \rangle \cong r_{me}{}^0 + \left(-\frac{3}{2}a - \frac{3}{2}a \right) r_{me}{}^{-1} = 1 - \frac{3a}{r_{me}} \qquad (3.16)$$

ここで、衛星軌道の長半径 a が 1×10^4km（高度約3,600km）では、地球と月の平均距離 r_{me} は 3.844×10^5km なので(3.16)に代入すると次のようにその比が求まる。

$$\frac{\alpha_{mCq}}{\alpha_{mAq}} \cong 1 - \frac{3 \times 10^4}{3.844 \times 10^5} = 0.92 \qquad (3.17)$$

これより、A点、C点での月の潮汐力による衛星に生ずる加速度は、地心の反対方向を向いており、その大きさはA点における加速度はC点におけるそれより少し大きいが、ほぼ同じ大きさであることがわかる。

次に、B、D点での月の引力により衛星に生ずる加速度は、同じ大きさなので、B点での加速度を求め、A、C点と比較する。

月からB点までの距離 r_{mB} は $r_{me} \gg a$ なので(3.5)で近似すると、1次の近似では次のようになる(図 3.5)。

$$r_{mB} = \sqrt{r_{me}^2 + a^2} = r_{me}\sqrt{1 + \frac{a^2}{r_{me}^2}} \cong r_{me}\left(1 + \frac{a^2}{2r_{me}^2}\right) \cong r_{me}$$

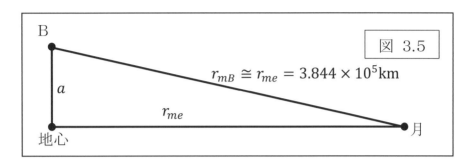

これより、B点での月の潮汐力による加速度 α_{mBq} は、ほぼ地心を向いており(図 3.6)、その大きさは次のようになる。

$$\alpha_{mBq} = \alpha_{mDq} \cong \frac{a}{r_{me}}\alpha_{me} = \frac{a}{r_{me}} \cdot \frac{GM_m}{r_{me}^2} = GM_m \frac{a}{r_{me}^3} \quad (3.18)$$

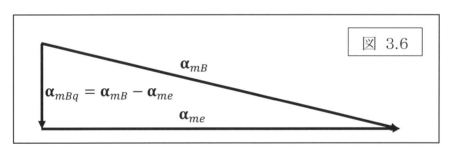

点B及び点Dの月の引力による加速度を、点Aにおけるそれの大きさと比較する。点B及び点Dの月の引力による加速度と点Aにおける加速度との比は(3.11)、(3.18)より

$$\frac{\alpha_{mBq}}{\alpha_{mAq}} = \frac{\alpha_{mDq}}{\alpha_{mAq}} \cong \frac{r_{me} - 2a}{2r_{me} - a} = \frac{1}{2}\left(\frac{r_{me} - 2a}{r_{me} - \frac{a}{2}}\right) \quad <(3.9)で近似>$$

だから、$a/r_{me} = 1/38.44 \fallingdotseq 0.026$ なので次のように求まる。

$$\frac{\alpha_{mBq}}{\alpha_{mAq}} \cong \frac{1}{2}\left\{1 + \left(-2a + \frac{a}{2}\right)r_{me}^{-1}\right\} = \frac{1}{2}\left(1 - \frac{3a}{2r_{me}}\right) = 0.48 \quad (3.19)$$

同様に点Cと比較するとその比は(3.14)、(3.18)より次のようになる。

$$\frac{\alpha_{mBq}}{\alpha_{mCq}} = \frac{\alpha_{mDq}}{\alpha_{mCq}} \cong \frac{r_{me} + 2a}{2r_{me} + a} \cong \frac{1}{2}\left(1 + \frac{3a}{2r_{me}}\right) = 0.52 \quad (3.20)$$

さらに、$r_{me} \gg a$ より、(3.10)、(3.13)は次のようにも近似できる。

$$\frac{1}{(r_{me} \mp a)^2} = \frac{1}{r_{me}^2 \mp 2r_{me} + a^2} = \frac{1}{r_{me}^2\left(1 \mp \frac{2a}{r_{me}} + \frac{a^2}{r_{me}^2}\right)}$$

$$\cong \frac{1}{r_{me}^2}\left(1 \pm \frac{2a}{r_{me}}\right) = \frac{1}{r_{me}^2} \pm \frac{2a}{r_{me}^3} \quad (3.21)$$

$$\alpha_{mAq} \cong GM_m\left(\frac{1}{r_{me}^2} + \frac{2a}{r_{me}^3} - \frac{1}{r_{me}^2}\right) = GM_m\frac{2a}{r_{me}^3} \quad (3.22)$$

$$\alpha_{mCq} \cong GM_m\left\{\frac{1}{r_{me}^2} - \left(\frac{1}{r_{me}^2} - \frac{2a}{r_{me}^3}\right)\right\} = GM_m\frac{2a}{r_{me}^3} \quad (3.23)$$

以上は、A、B、C、D点 における潮汐力による加速度の方向と大きさを調べた。

では、これらの点の中間ではどうだろうか。A、B、C、D点 の中間点をそれぞれ E、F、G、H点 とする。それぞれの地点で受ける加速度を添え字で表す。α_{mE} は α_{mA} より小さく α_{mB} より大きいので、E点 の動座標系での加速度 α_{mEq} は 図 3.7 に示すようになる。

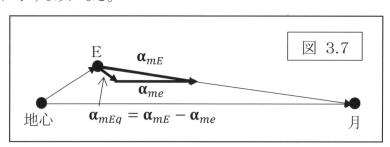

他の地点での加速度も同様であり、それら各地点での加速度は 図 3.8 に示すようになる。

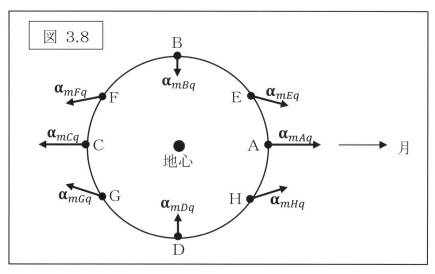

これらの加速度の大きさと方向を、軌道面上で衛星を中心とし月方向を基準に見ると、各点での加速度ベクトルは 図 3.9 のようになる。

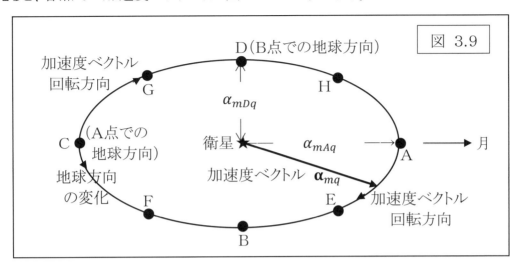

加速度ベクトルは衛星の公転と同じ角速度で衛星公転とは反対方向に回転し、加速度ベクトルの先端は長半径が短半径の2倍程度のほぼ楕円を描く。

月の引力について示したが、太陽の引力に対しても同様である。

A、B、C、D点の太陽の引力による加速度の大きさの比ついて計算する。地心から太陽までの平均距離は $r_{se} = 1.496 \times 10^8 \mathrm{km}$ である。太陽の質量を M_s、太陽の引力による動座標系での加速度を、添え字"s"で表し、引力の比を求める。

$r_{se} \gg r_{me} \gg a$ なので、太陽の引力によるA、C点での加速度は(3.22)、(3.23)と同様の近似で十分であり次のようになる。

$$\alpha_{sAq} \cong GM_s \frac{2a}{r_{se}^3} \tag{3.24}$$

$$\alpha_{sCq} \cong GM_s \frac{2a}{r_{se}^3} \tag{3.25}$$

また、B、D点での加速度は(3.18)と同様に次のようになる。

$$\alpha_{sBq} = \alpha_{sDq} \cong GM_s \frac{a}{r_{se}^3} \tag{3.26}$$

(3.24)、(3.25)、(3.26)より、C点とA点、及びB、D点とA、C点の比を求めると次のようになる。

$$\frac{\alpha_{sCq}}{\alpha_{sAq}} \cong 1.00 \tag{3.27}$$

$$\frac{\alpha_{sBq}}{\alpha_{sAq}} = \frac{\alpha_{sDq}}{\alpha_{sAq}} \cong \frac{\alpha_{sBq}}{\alpha_{sCq}} = \frac{\alpha_{sDq}}{\alpha_{sCq}} \cong 0.50 \tag{3.28}$$

地球から太陽までの距離が地球から月までの距離に比較してかなり遠い。そのため、太陽の潮汐力では、A点とC点での差がほとんどなく、B、D点ではA、C点のほぼ半分の大きさである。

月と太陽の引力による加速度の大きさを点Aで、(3.22)、(3.24)によりその比を求める。$M_m = 7.35 \times 10^{22}$kg 、$M_s = 1.99 \times 10^{30}$kg だから

$$\frac{\alpha_{mAq}}{\alpha_{sAq}} \cong \frac{M_m}{M_s} \cdot \frac{r_{se}{}^3}{r_{me}{}^3} = \frac{7.35 \times 10^{22}}{1.99 \times 10^{30}} \cdot \frac{(1.50 \times 10^8)^3}{(3.84 \times 10^5)^3} = 2.20 \tag{3.29}$$

である。これより、潮汐力の地球回りの人工衛星軌道に及ぼす影響は、月が太陽の約2.2倍であることがわかる。

また、(1.2)より万有引力の大きさは2物体間の距離の2乗に反比例するが、潮汐力の大きさは(3.22)、(3.24)等より、近似すると、中心物体から潮汐力を引き起こす物体までの距離の3乗に反比例し、地球から人工衛星までの距離に比例することがわかる。

Ⅲ－4　その他の摂動力

これまで、地球が質点として扱えない場合と月と太陽の引力による摂動力を見てきた。次に、衛星が質点として扱えない場合に考慮しなければならない摂動力を考える。

地球は大気に覆われている。その密度は主に地上からの距離に依存する。近年は人工衛星の大型化が進んだことにより、衛星の高度によっては大気による抵抗の影響を、軌道を計算する場合に考慮する必要が生じている。衛星の地上からの高度が 1000km以上では、衛星の進行方向の断面積にもよるが、この影響は無視できるほど小さい。

大気による抵抗は、衛星の進行方向に向かって受けるので、衛星の速度は常に減速される。減速量は、衛星の質量、進行方向の断面積（形状により補正が必要）と大気密度から計算される。

軌道が長楕円の場合の大気抵抗による軌道の変化の例を 図 3.10 に示す。

近地点の高度が低いので、ここで大気の抵抗を受け、速度が低下する。そのため、遠地点高度が下がる。一方、遠地点高度は高いので、大気抵抗の影響は無視できるほど小さく、近地点高度への影響はほとんどない。

人工衛星の軌道計算には、太陽からの輻射圧も考慮しなければならない。

この太陽輻射による力は、常に太陽の方向から受ける。太陽輻射圧の大きさは観測から求められている。

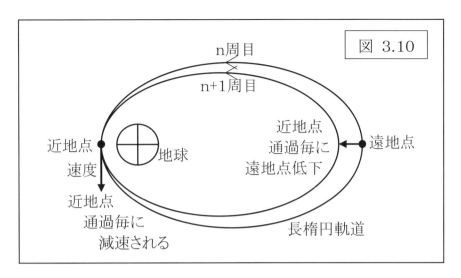

　衛星高度が高いほど衛星の速度が小さいため、太陽輻射圧の影響が相対的に大きくなる。太陽輻射圧による影響は衛星の質量、太陽に向かった断面積と太陽輻射圧の大きさより計算される。衛星の太陽方向に向かった断面積は、多くは太陽電池パドルによる。地球周りの人工衛星の場合、この影響を特に考慮しなければならないのは大きな太陽電池パドルを搭載した静止衛星である。

　地球の大気による抵抗は常に反進行方向だが、太陽輻射圧による影響は常に反太陽方向の力となる（図 3.11）。

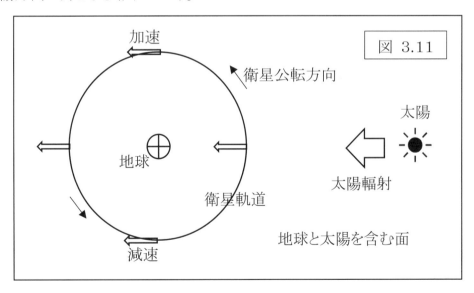

Ⅲ－5 瞬時速度変化による軌道の変化

　地球周りの人工衛星に加わる摂動力により軌道が変化する。軌道がどのように変化するかを、円軌道の速度が瞬時に微小変化した場合について、Ⅰ、Ⅱ章で導出した関係式等を基に近似計算し、イメージをつかむこととする。

外力の方向を、軌道の接線方向（加速あるいは減速）、地心あるいは反地心方向、軌道面に垂直方向のそれぞれについて個別に考える。これらは直交しており、任意の外力に対しては、これら3方向に分解し、それぞれの方向による軌道の変化を合成すれば任意の方向の外力による軌道の変化となる。

まず、接線方向に外力が加わった場合について、それが加速方向で、初期軌道が円の場合を考える。

この場合、加速した反対側が加速前よりふくらみ、加速点が近地点、反対側が遠地点の楕円軌道となる。そのため、図 3.12 のように初期軌道から軌道長半径と離心率が変化する。

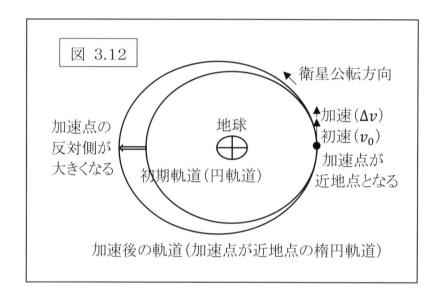

初期軌道の軌道長半径を a_0 とすると、加速点は加速後には近地点となるので、その動径を r_p とすると、$r_p = a_0$ である。初速を v_0、加速量を Δv とすると加速後の速度 v は $v = v_0 + \Delta v$ である。これより、加速後の軌道長半径 a は (2.3) から次のようになる。

$$a = \frac{\mu r_p}{2\mu - r_p v^2} = \frac{\mu a_0}{2\mu - a_0 v^2} \tag{3.30}$$

遠地点半径 r_a、近地点半径 r_p は (2.2) より、それぞれ次のようになる。

$$r_a = a(1+e) \tag{3.31}$$

$$r_p = a(1-e) \tag{3.32}$$

加速後の離心率 e は (3.32) より $r_p = a_0$ なので次のように求まる。

$$e = 1 - \frac{a_0}{a} \tag{3.33}$$

ここでは加速の場合を考えたが、減速の場合も同様である。減速後の速度 v は $v = v_0 - \Delta v$ であり、減速点が遠地点、反対側が近地点となるので、軌道長半径は(2.3)より(3.30)と同様に

$$a = \frac{\mu r_a}{2\mu - r_a v^2} = \frac{\mu a_0}{2\mu - a_0 v^2} \tag{3.34}$$

であり、離心率は(3.31)より $r_a = a_0$ なので

$$e = \frac{a_0}{a} - 1 \tag{3.35}$$

となる。

瞬時の速度変化量 Δv をパラメータに軌道長半径と離心率の変化の大きさを求める。(2.3)を微分すると、動径は変わらないので

$$2v dv = \frac{\mu}{a^2} da \tag{3.36}$$

である。初期軌道が円軌道の場合 $v^2 = \mu/a$ なので、(3.36)より

$$2 dv = \frac{v}{a} da \tag{3.37}$$

だから、$\Delta v \ll v_0$（速度変化は v_0 に比較して微小）とすると

$$\Delta a \cong 2\frac{\Delta v}{v_0} a_0 \tag{3.38}$$

と近似できる。

同様に、初期軌道が円（$e_0 = 0$）の場合(3.33)より $a = a_0 + ae$ なので、近似すると

$$e = \Delta e = \frac{a - a_0}{a} \cong \frac{\Delta a}{a_0} \cong 2\frac{\Delta v}{v_0} \tag{3.39}$$

となる。また、加速の場合、加速点が近地点に、減速の場合はその点が遠地点になる。

次に、初期軌道が円（$e_0 = 0$）で、外力が地心あるいは動径方向に加わった場合を考える。

外力による速度の変化が微小とすると、速度の大きさは変わらず、方向だけが変化したと近似できる。この近似では外力が加わった前後で速度と動径は変わらないので(2.3)より軌道長半径も変わらない。従って $a \cong a_0$ である。そうすると、

47

動径と軌道長半径の大きさが同じ($r \cong a$)なので、(2.2)より、

$$r = a(1 - ecosE) \quad \Rightarrow \quad cosE \cong 0 \quad \Rightarrow \quad E \cong \pm\frac{\pi}{2} \tag{3.40}$$

である。

外力の方向が地心方向の場合、速度の方向は動径に垂直方向から少し地心方向に向く(図3.13)から、外力を加えた位置から90度進んだ位置が近地点となるので、外力を加えた位置は $E = -\pi/2$ である。外力の方向が動径方向では外力を加えた位置から90度進んだ位置は遠地点となるので、外力を加えた位置は $E = \pi/2$ となる。

この外力が加わったことによる離心率の変化を考える。円軌道の速度方向は地心方向に垂直である。加速方向が地心方向の場合、加速後の軌道は楕円となる。$\Delta v \ll v_0$ では、軌道楕円は円に近いから、加速後の速度は軌道楕円の中心方向にほぼ垂直である。従って、図 3.13 より次のように近似する。

$$\frac{ae}{a_0} \cong \frac{\Delta v}{v_0} \tag{3.41}$$

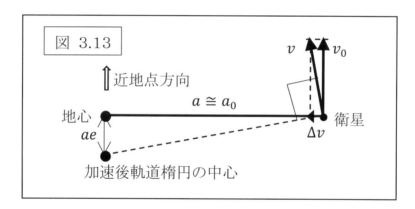

さらに、$a \cong a_0$ だから(3.41)より次のように求まる。

$$e = \Delta e \cong \frac{\Delta v}{v_0} \tag{3.42}$$

ここで、接線方向と地心方向の加速による軌道の変化をまとめると 図 3.14 のようになる。

離心率の変化を、(2.76)で定義した離心率ベクトルで見てみる。ここでは、e_x を反地心方向、e_y は e_x から反時計回りに90度の方向(図 3.15 右)とする。

軌道面内において速度変化分 Δv が速度方向と角度 θ を持つとき、進行方向成分は $\Delta v \cos\theta$、地心方向成分は $\Delta v \sin\theta$ となる(図 3.15 左)。

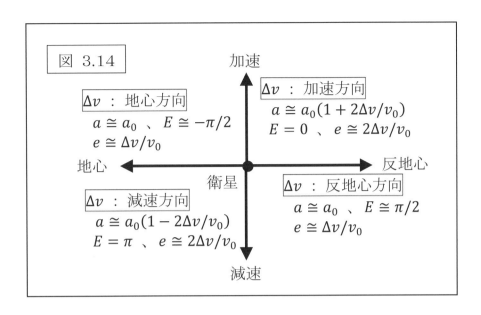

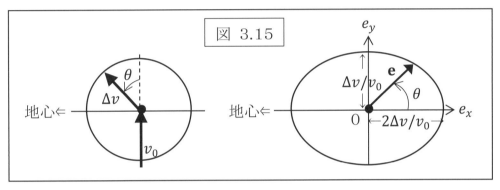

そうすると、ここでの離心率ベクトルは次のようになる。(2.76)では昇交点方向を x軸 としているが、図 3.15 では初期速度の方向を x軸 としており、(2.76)の ω は θ に対応している。

$$\mathbf{e} = \begin{pmatrix} e_x \\ e_y \end{pmatrix} \cong \frac{\Delta v}{v_0} \begin{pmatrix} 2\cos\theta \\ \sin\theta \end{pmatrix} \tag{3.43}$$

そして、離心率ベクトル $\mathbf{e}$ は θ により 図 3.15 右 のように変化する。(3.43)の e_x は反地心方向である。

加速後の軌道長半径の変化分 Δa は Δv の接線方向成分は $\Delta v \cos\theta$ なので、(3.38)より次のようになる。

$$\Delta a = a_0 \frac{2\Delta v}{v_0} \cos\theta \tag{3.44}$$

初期軌道が円、Δv が微小な場合、離心近点離角は次のように近似できる。

$$E \cong -\theta \tag{3.45}$$

また、平均近点離角 M はケプラーの方程式(2.4)で与えられる。

$$M = E - e \sin E \tag{2.4}$$

さらに、(2.64)の e 項のみ、及び(2.72)より、真近点離角 f を離心率が $e \ll 1$、$\sin M \cong \sin E$ として平均近点離角、離心近点離角で表すと次のようになる。

$$f \cong M + 2e \sin M \cong E + e \sin E \tag{3.46}$$

横軸を軌道長半径の変化分、縦軸を離心近点離角とすると 図 3.16 のようになる。

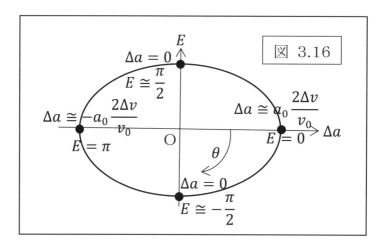

最後に、外力が軌道面に垂直(速度と動径の外積方向)の場合を考える。

ここでは、**O** を軌道面法線方向の単位ベクトル、**v** を速度ベクトル、Δv を瞬時の速度変化ベクトル、$\Delta v \ll v$、添字"0"を軌道の初期状態(速度変化前)とする。

まず、$i_0 \cong 0$ の軌道では、軌道面ベクトル **i** の変化として近似する。軌道面ベクトルは(2.78)の定義と同じである。この場合、衛星の位置は $\lambda = \Omega + \omega + f$ を採用する。

初期軌道の軌道傾斜角 i_0 を $i_0 = 0$ とし、λ の位置で軌道面に垂直な方向に Δv 加速するとする。そうすると、初期軌道面ベクトル $\mathbf{i}_0$、軌道傾斜角の変化ベクトル $\Delta \mathbf{i}$、結果軌道の軌道面ベクトル **i** は次のように表される。また、加速位置が昇交点となるので、$\lambda = \Omega$、$\omega + f = 0$ だから次のようになる。

$$\mathbf{i}_0 = \begin{pmatrix} 0 \\ 0 \end{pmatrix} \tag{3.47}$$

$$\Delta \mathbf{i} \cong \frac{\Delta v}{v_0} \begin{pmatrix} \cos \lambda \\ \sin \lambda \end{pmatrix} = \frac{\Delta v}{v_0} \begin{pmatrix} \cos \Omega \\ \sin \Omega \end{pmatrix} \tag{3.48}$$

$$\mathbf{i} = \mathbf{i}_0 + \Delta \mathbf{i} \cong \frac{\Delta v}{v_0} \begin{pmatrix} \cos \lambda \\ \sin \lambda \end{pmatrix} = \frac{\Delta v}{v_0} \begin{pmatrix} \cos \Omega \\ \sin \Omega \end{pmatrix} \tag{3.49}$$

これらを、前後の軌道面に垂直な単位ベクトル $\mathbf{O}_0$、$\mathbf{O}$、及び軌道面ベクトル $\mathbf{i}$ の変化としてみる(図 3.17)。

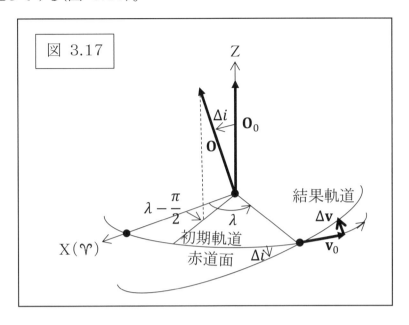

まず、初期の軌道面に垂直な単位ベクトル $\mathbf{O}_0$ は

$$\mathbf{O}_0 = \begin{pmatrix} 0 \\ 0 \\ 1 \end{pmatrix} \tag{3.50}$$

であり、結果の $\mathbf{O}$ は 図 3.17 より

$$\mathbf{O} \cong \begin{pmatrix} \sin\Delta i \cos\left(\lambda - \dfrac{\pi}{2}\right) \\ \sin\Delta i \sin\left(\lambda - \dfrac{\pi}{2}\right) \\ \cos\Delta i \end{pmatrix} = \begin{pmatrix} \sin\Delta i \sin\lambda \\ -\sin\Delta i \cos\lambda \\ \cos\Delta i \end{pmatrix} \tag{3.51}$$

と近似できる。

また、軌道面ベクトルは(3.49)より 図 3.18 のように変化する。

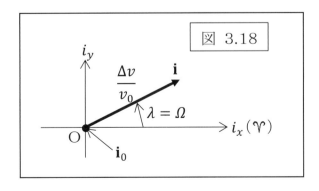

初期の軌道傾斜角が $i_0 = 0$ について近似した。そうでない $i_0 \neq 0$ については簡単な近似は難しいので、次節で考える。

以上は、Δv の各成分がどのように軌道を変えるかを円軌道で $\Delta v \ll v_0$ として近似した。任意の方向の Δv に対しては、各成分による軌道の変化を合わせれば近似できる。

より正確に、また、Δv が大きい場合や円軌道以外の場合には、(2.43)、(2.47)によりケプラリアン軌道要素からカルテシアン軌道要素に変換し、速度ベクトル $\mathbf{v_0}$ に速度変化ベクトル $\Delta \mathbf{v}$ を加算し $\mathbf{v}$ を求め、加速位置と $\mathbf{v}$ から(2.48)、(2.54)、(2.55)、(2.60)、(2.61)、(2.63)により再度ケプラリアン軌道要素に変換することにより計算できる。

Ⅲ－6　ラグランジュの惑星方程式

摂動による軌道の変化等を求める場合、ラグランジュの惑星方程式も一般的に活用されている。

この方程式の導出は高度な数学的知識等が必要なため、与えられたものとしてこの方程式を示す。

ここで、Δv の時間微分（衛星に加わる加速度）の動径方向の成分を S、軌道面内で S に垂直な成分（加速方向）を T、軌道面に垂直な成分（$\mathbf{S}$ と $\mathbf{T}$ の外積方向）を W とする。

$$\frac{da}{dt} = \frac{2}{n\sqrt{1-e^2}}\left\{S \cdot e \sin f + T \cdot \frac{a(1-e^2)}{r}\right\} \tag{3.52}$$

$$\frac{de}{dt} = \frac{\sqrt{1-e^2}}{na}\{S \cdot \sin f + T(\cos E + \cos f)\} \tag{3.53}$$

$$\frac{di}{dt} = \frac{1}{na\sqrt{1-e^2}}W \cdot \frac{r}{a}\cos(\omega + f) \tag{3.54}$$

$$\sin i \frac{d\Omega}{dt} = \frac{1}{na\sqrt{1-e^2}}W \cdot \frac{r}{a}\sin(\omega + f) \tag{3.55}$$

$$\frac{d\omega}{dt} = \frac{\sqrt{1-e^2}}{nae}\left\{-S \cdot \cos f + T\left(\frac{r}{a(1-e^2)} + 1\right)\sin f\right\} - \cos i \frac{d\Omega}{dt} \tag{3.56}$$

$$\frac{dM}{dt} = n - \frac{2r}{na^2}S - \sqrt{1-e^2}\frac{d\omega}{dt} - \sqrt{1-e^2}\cos i \frac{d\Omega}{dt} \tag{3.57}$$

ラグランジュの惑星方程式を円軌道 $(e = 0)$ に適用すると $a = r$、$v = na$、$f = E = M$ なので(3.52)、(3.53)、(3.54)、(3.55)はそれぞれ次のようになる。

$$\frac{da}{dt} = \frac{2a}{v} T \tag{3.58}$$

$$\frac{de}{dt} = \frac{1}{v}(S \cdot \sin f + 2T \cdot \cos f) \tag{3.59}$$

$$\frac{di}{dt} = \frac{1}{v} W \cos(\omega + f) = \frac{1}{v} W \cos\varphi \tag{3.60}$$

$$\sin i \frac{d\Omega}{dt} = \frac{1}{v} W \sin(\omega + f) = \frac{1}{v} W \sin\varphi \tag{3.61}$$

これらは、それぞれ、(3.58)は(3.38)に、(3.59)は(3.39)と(3.42)の和に、(3.60)は(3.48)に対応している。

ラグランジュの惑星方程式は近似式ではなく厳密解であることから、Ⅲ－5 で求めた近似式は妥当であることが確認できた。

また、(3.56)、(3.57)で $S = T = 0$ とすると $\omega + f = \varphi$ なので

$$\frac{d\varphi}{dt} = \frac{d\omega}{dt} + \frac{dM}{dt} = n - \cos i \frac{d\Omega}{dt} \tag{3.62}$$

である。さらに、軌道面に垂直な方向の速度変化（W 方向）を Δv、初期軌道を添え字"0"で、軌道の変化分を Δ で表すと、(3.60)、(3.61)はそれぞれ

$$\Delta i \cong \frac{\Delta v}{v_0} \cos\varphi_0 \tag{3.63}$$

$$\Delta\Omega \cong \frac{\Delta v}{v_0} \cdot \frac{\sin\varphi_0}{\sin i_0} \tag{3.64}$$

となる。さらに、(3.61)、(3.62)より次のようになる。

$$\frac{d\varphi}{dt} = n - \frac{W}{v} \frac{\sin\varphi}{\tan i} \tag{3.65}$$

その結果、瞬時の速度変化では $ndt = 0$ なので、(3.65)は

$$\Delta\varphi \cong -\frac{\Delta v}{v_0} \cdot \frac{\sin\varphi_0}{\tan i_0} \tag{3.66}$$

である。

(3.63)、(3.64)、(3.66)は、Ⅲ－5 と同様の方法では難しいとしていた近似である。

Ⅳ 静止軌道

　ここでは、まず、2体問題での静止軌道を考える。そして、静止軌道から少しずれた軌道がどうなるかを解析する。次に、静止軌道の摂動について、Ⅲ章の結果を基に調べる。最後に、摂動により変動する衛星の位置を所定の範囲にとどめておくための方策を考える。

Ⅳ－1　2体問題での静止軌道

　静止軌道とは、衛星が地球上から見ると常に同じ方向に見える軌道である。それは、地球上から見て、東西方向にも南北方向にも動かないということである。このことより、静止軌道は、衛星の公転周期が地球自転周期と同じ、円軌道（離心率 $e=0$）、軌道面は赤道面と一致（軌道傾斜角 $i=0$）している軌道である。

　衛星の公転周期と地球自転周期が一致するということは、地球自転の角速度が衛星の平均運動と一致するということである。地球の質量 M の 6×10^{24}kg に比較し、かなり大きな衛星の質量 m を 10t（10^4kg）としても衛星の質量は地球質量の 10^{-20} 以下なので、$M+m\cong M$ とし、$G(M+m)\cong GM=\mu$ とする。そうすると、(1.54)、(2.22)より、衛星の平均運動 n は次のようになる。

$$n=\sqrt{\frac{\mu}{a^3}} \tag{4.1}$$

　地球の自転角速度を $\dot{\theta}_e$ とすると $\dot{\theta}_e=360.9856$deg/day $=7.292115\times10^{-5}$rad/s（付録 F 参照）、$\mu=3.986004\times10^{14}$m^3/s^2 なので、2体問題における静止軌道の軌道長半径を a_{g2} とすると、$n=\dot{\theta}_e$ から

$$a_{g2}=\sqrt[3]{\frac{\mu}{n^2}}=\sqrt[3]{\frac{\mu}{\dot{\theta}_e^2}}=42164.17\text{km} \tag{4.2}$$

である。また、静止衛星の公転速度 v_{g2} は、円軌道なので、(2.3)より

$$v_{g2}=\sqrt{\frac{\mu}{a_{g2}}}=3.07466\text{km/s} \tag{4.3}$$

である。

　以上をまとめると、2体問題での静止軌道は

軌道長半径	$a_{g2}=42164.17$km
離心率	$e=0$
軌道傾斜角	$i=0$deg

である。

IV－2　静止軌道から少しずれた軌道

軌道長半径、離心率、軌道傾斜角が静止軌道の条件から少しずれた場合に、衛星の位置がどのように動くかを考える。これを知っておくことは、衛星を静止軌道に投入するときの許容誤差、一旦完全な静止軌道に投入しても摂動により軌道は変化すること等から重要である。

まず、軌道長半径 a のみが静止軌道長半径から少しずれた円軌道を考える。(4.1)を微分すると

$$dn = -\frac{3}{2}\sqrt{\frac{\mu}{a^5}}da = -\frac{3}{2}\sqrt{\frac{\mu}{a^3}}\frac{da}{a} \cong -\frac{3}{2}n\frac{da}{a} \tag{4.4}$$

となるから、軌道長半径が静止軌道長半径から $\Delta a(\Delta a \ll a_{g2})$ だけずれた軌道の平均運動を n_Δ とすると次のように近似できる。

$$n_\Delta \cong \dot{\theta}_e - \frac{3}{2}\dot{\theta}_e\frac{\Delta a}{a_{g2}} \tag{4.5}$$

そうすると、衛星位置の直下点経度を $\lambda(= \Omega + \omega + M - \theta_g)$（$\theta_g$ はグニリッジ恒星時 ： 付録 F 参照)その変化速度を $\dot{\lambda}$ とすると

$$\dot{\lambda} = n_\Delta - \dot{\theta}_e \cong -\frac{3}{2}\dot{\theta}_e\frac{\Delta a}{a_{g2}} \tag{4.6}$$

だから、(4.6)の速度で衛星の直下点経度が移動する。この速度を"ドリフトレート"と呼ぶ。従って、基準時刻 t_0 から時刻 t までの移動量 $\Delta\lambda$ は

$$\Delta\lambda = \dot{\lambda}(t - t_0) \tag{4.7}$$

である。また、ドリフトレートは(4.7)に数値を代入し Δa をkm単位として表すと次のようになる。

$$\dot{\lambda}(\text{degE/day}) \cong -\frac{3}{2} \cdot 360.9856\frac{\Delta a}{42164.17} = -0.01284\Delta a(\text{km}) \tag{4.8}$$

次に、軌道が円でない（$a = a_{g2}$、$e \neq 0(e \ll 1)$、$i = 0$)場合について考える。これについては、中心差として既に(2.73)～(2.75)及び 図 2.4 で検討した通りであり、東西方向と動径方向に、静止位置を中心として日周運動をする。

最後に、軌道面が赤道面と一致しない場合（$a = a_{g2}$、$e = 0$、$i \neq 0(i \ll 1)$)を考える。

直交する単位ベクトル $\mathbf{u}_1$、$\mathbf{u}_2$ があるとき、$\mathbf{u}_1$ から θ だけ $\mathbf{u}_2$ の方向に回転した単位ベクトル $\mathbf{u}_\theta$ は次にように表されることを利用する。

$$\mathbf{u}_\theta = \mathbf{u}_1\cos\theta + \mathbf{u}_2\sin\theta \tag{4.9}$$

x軸を昇交点方向にとると、図 4.1 に示すように、軌道上で昇交点から 90度進んだ位置は、y軸からz軸方向に i だけ回転しているので次式で表される。

$$\begin{pmatrix}0\\1\\0\end{pmatrix}\cos i + \begin{pmatrix}0\\0\\1\end{pmatrix}\sin i = \begin{pmatrix}0\\\cos i\\\sin i\end{pmatrix} \tag{4.10}$$

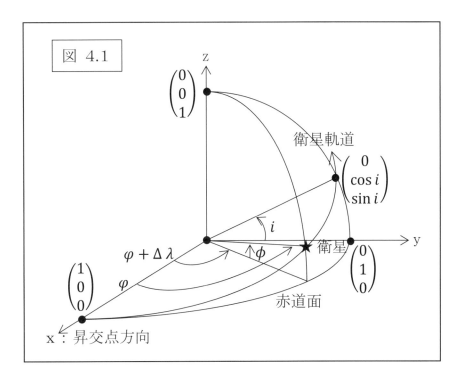

ここで、衛星位置の昇交点方向からの角度 $\omega + f$ を φ とする。この φ は"緯度引数"と呼ばれている。衛星直下点の昇交点からの赤道面上の経度方向の角度を $\varphi + \Delta\lambda$、直下点の緯度を ϕ とすると、(4.9)から(4.10)を導出したのと同様に求めると、衛星位置は次の右辺となる。

$$\begin{pmatrix}\cos\phi\cos(\varphi+\Delta\lambda)\\\cos\phi\sin(\varphi+\Delta\lambda)\\\sin\phi\end{pmatrix} = \begin{pmatrix}1\\0\\0\end{pmatrix}\cos\varphi + \begin{pmatrix}0\\\cos i\\\sin i\end{pmatrix}\sin\varphi = \begin{pmatrix}\cos\varphi\\\cos i\sin\varphi\\\sin i\sin\varphi\end{pmatrix} \tag{4.11}$$

これより $\sin\phi = \sin i \sin\varphi$ だから、$i \ll 1$ とすると次のように南北方向の動きが近似できる。

$$\phi \cong \sin\phi = \sin i \sin\varphi \cong i\sin\varphi \tag{4.12}$$

経度方向（東西方向）の動きである $\Delta\lambda$ は(4.11)より次のように近似できる。

$$\cos\phi\sin\Delta\lambda = \cos\phi\{\sin(\varphi+\Delta\lambda)\cos\varphi - \cos(\varphi+\Delta\lambda)\sin\varphi\}\\= \cos i\sin\varphi\cos\varphi - \cos\varphi\sin\varphi$$

$$= -\sin\varphi\cos\varphi(1-\cos i) = -\sin 2\varphi \sin^2\frac{i}{2} \cong -\sin 2\varphi \cdot \frac{i^2}{4} \quad (4.13)$$

ここで、$\sin\Delta\lambda$ は三角関数の加法定理、$\sin\varphi\cos\varphi$ 及び $1-\cos i$ は2倍角の公式を使って次のように計算している。

$$\sin\Delta\lambda = \sin(\varphi+\Delta\lambda-\varphi)$$
$$= \sin(\varphi+\Delta\lambda)\cos\varphi - \cos(\varphi+\Delta\lambda)\sin\varphi$$
$$\sin 2\varphi = 2\sin\varphi\cos\varphi \quad\Rightarrow\quad \sin\varphi\cos\varphi = \frac{1}{2}\sin 2\varphi$$
$$1-\cos i = 1-\left(\cos^2\frac{i}{2}-\sin^2\frac{i}{2}\right) = 1-\left(1-2\sin^2\frac{i}{2}\right) = 2\sin^2\frac{i}{2}$$

さらに、$e=0$、$\phi \leq i \ll 1$ なので、$f=M$ だから $\varphi \cong \omega+M$、$\cos\phi \cong 1$、$\sin^2 i \cong i^2$、$\cos i \cong 1$ として近似すると(4.13)より次のように東西方向の動きが表される。これは、南北方向の動きに比べると非常に小さい。

$$\Delta\lambda \cong \sin\Delta\lambda = -\frac{1}{\cos\phi}\sin 2\varphi \cdot \frac{i^2}{4} \cong -\frac{i^2}{4}\sin 2(\omega+M) \quad (4.14)$$

(4.12)、(4.14)より、i が 1度 の場合の衛星の直下点の動きは 図 4.2 のように"8の字運動"となる。なお、(4.12)、(4.14)の単位は ラジアン である。

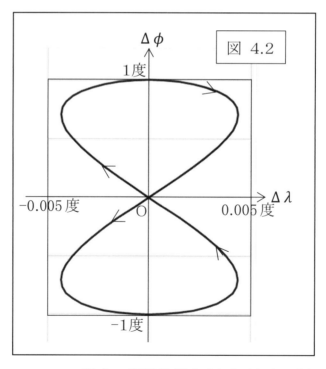

図 4.2

$a \neq a_{g2}$、$e \neq 0$、$i \neq 0$ の場合の衛星位置をまとめると次のようになる。

(2.74)より、動径方向の動きは次のようになる。

$$\Delta r = \Delta a - \Delta R \cong \Delta a - 2a_{g2}e\cos M \quad (4.15)$$

(2.73)より、$\Delta a = 0$、$e \neq 0$、$i = 0$ の場合、次のようになる。

$$\Delta\lambda \cong \frac{\Delta\varphi}{a_{g2}} = 2e\sin M \tag{4.16}$$

(4.6)、(4.7)、(4.16)、(4.14)より、東西方向の動きは次のようになる。

$$\Delta\lambda \cong -\frac{3}{2}\dot\theta\frac{\Delta a}{a_{g2}}(t - t_0) + 2e\sin M - \frac{i^2}{4}\sin 2(\omega + M) \tag{4.17}$$

(4.12)で $\varphi \cong \omega + M$ とすると、南北方向の動きは次のようになる。

$$\phi \cong i\sin(\omega + M) \tag{4.18}$$

以上で、静止軌道から少しずれた場合の衛星の動きが近似できた。

ここで、図 4.2 は横軸を縦軸の200倍ほどに拡大している。近年の静止衛星の軌道傾斜角は 0.1度 以下がほとんどなので、$i = 0$ でない場合の経度方向の振幅は 図 4.2 の100分の1以下となり、静止衛星の日周運動はほとんど緯度方向の動きのみである。また、静止衛星の離心率を 10^{-4} とすると、(4.17)の第2項(離心率による東西方向の日周運動)は 0.01度 程度である。

GPS 衛星の補完衛星等として活躍している"準天頂衛星"の軌道傾斜角は 40度程度であり、このような衛星の直下点の運動では8の字運動が顕著に現れる。この場合、(4.14)、(4.18)は $i \ll 1$ の場合の近似式なので、準天頂衛星の動きには適用できない。

さらに、M は、(4.15)、(4.17)、(4.18)の1次の近似式に現れるので、0次の評価式とし、t_0 での平均近点離角を M_0 とすると、$\Delta a \ll a_{g2}$ なので $n \cong \dot\theta_e$ と近似すると

$$M \cong M_0 + \dot\theta_e(t - t_0) \tag{4.19}$$

である。(4.15)、(4.17)、(4.18)に(4.19)を代入すると、衛星位置を、時刻を変数として表すことができる。

Ⅳ－3 静止軌道の摂動

月・太陽の引力による摂動では、衛星が軌道を1周すると影響がほぼ元に戻るので、摂動の周期はほぼ衛星の公転周期、あるいは半周期に一致する。また、月・太陽の公転周期である約1か月、1年、及びその半分の周期で影響の大きさが変わる。さらに、地球の扁平による摂動では、静止衛星の場合、その直下点経緯度がほぼ同じなので、一定の方向への軌道変化がある。

衛星の公転周期以下の周期の摂動を"短周期摂動"、それより長い周期の摂動を"長周期摂動"、継続した一定方向への摂動を"永年摂動"と呼んでいる。

軌道の変化を長期的に把握したい場合、その期間により周期摂動を取り除きたい。短周期摂動を取り除いて長周期摂動と永年摂動を考慮した軌道を平均軌道、その軌道要素を"平均軌道要素"と呼んでいる。これに対し、特定時のカルテシアン軌道要素（位置と速度）から衛星が2体問題で運動しているとしてケプラリアン軌道要素に変換したものを"接触軌道要素"、この軌道を接触軌道と呼んでいる。

　平均軌道要素と接触軌道要素は目的により使い分け、適時変換すると便利である。

　以下に、それぞれの摂動源による静止軌道への影響を考える。なお、静止軌道は高度が高いため、大気抵抗による摂動を考慮する必要はない。

ⅰ　地球子午面の扁平による摂動

Ⅲ－1　で示したように、

①地球は自転軸を中心とした回転楕円形で近似できる。この形は、球体地球に比べ、赤道が膨らんでいる。

②さらに詳細には洋ナシ型でもある。この形は回転楕円体から北半球と南極が凹み、南半球と北極が凸んでいる。

　地球の重力ポテンシャルモデルの zonal項 で、①が J_2 項、②は J_3 項である。さらに詳細には J_4、J_5 ‥‥‥項としてモデルを構成している。そのモデルは、衛星の動きの詳細な観測から作られている。

　静止軌道では、このうち J_2 項の影響がほとんどである。J_2 項については、①より、地球赤道上の質量は均質な球体地球に比べ過多であるとみなせる。

　J_2 項による永年摂動は、地球の平均赤道半径を r_e として次のように得られている。ここで $J_2 = 1.08264 \times 10^{-3}$ である。その他の要素、軌道長半径 a、離心率 e 及び軌道傾斜角 i には永年摂動は無いので、次の式の a、e、i、n（平均運動）は平均軌道要素である。

$$\dot{\Omega} = -\frac{3}{2}\frac{r_e{}^2}{a^2(1-e^2)}J_2 n \cos i \qquad (4.20)$$

$$\dot{\omega} = \frac{3}{2}\frac{r_e{}^2}{a^2(1-e^2)}J_2 n \left(2 - \frac{5}{2}\sin^2 i\right) \qquad (4.21)$$

$$\dot{M} = n\left\{1 + \frac{3}{2}\frac{r_e{}^2}{a^2(1-e^2)}J_2\sqrt{1-e^2}\left(1 - \frac{3}{2}\sin^2 i\right)\right\} \qquad (4.22)$$

　(4.20)は $i < 90$ 度 では昇交点が常に西方に移動していることを示している。

静止軌道の昇交点が1周する期間（周期）を P_i とすると、静止軌道では $a = a_{g2}$、$e = 0$、$i = 0$、$n = \dot{\theta}_e$ であり、$P_i = 2\pi/|\dot{\Omega}|$ だから、(4.20)より

$$P_i = \frac{2\pi}{|\dot{\Omega}|} = \frac{2\pi}{\dot{\theta}_e} \cdot \frac{2}{3} \left(\frac{a_{g2}}{r_e}\right)^2 \frac{1}{J_2} \tag{4.23}$$

である。(4.23)に $r_e = 6378.14$km、$a = a_{g2} = 42164.17$km を代入すると、その周期は次のように求まる。

$$P_i = \frac{360}{360.9856} \cdot \frac{2}{3} \left(\frac{42164.17}{6378.14}\right)^2 \frac{1}{1.08264 \times 10^{-3}}$$
$$= 26837 \text{day} \cong 73.5 \text{year} \tag{4.24}$$

$i \ll 1$ の場合のこの動きを(2.78)で定義した軌道面ベクトルの変化で表すと図 4.3 のようになる。$i = 0$ では、軌道面ベクトルは原点に留まっていて変化しない。これは、$i = 0$ では 図 3.1 に示すように、軌道面に垂直方向の力は J_2 項では働いていないからである。

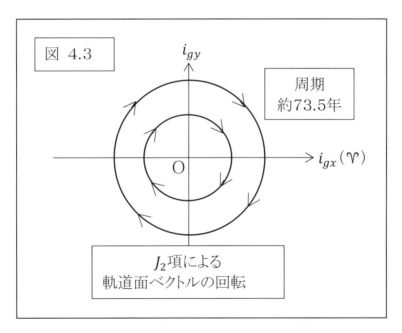

$i \ll 1$ で $i \neq 0$ の場合の昇交点赤経の回転を定性的に考えると次のようになる。

$\lambda = 0$ 度（昇交点）、180度（降交点） 以外では、衛星は赤道面から離れているため、図 3.2 で示したたように、軌道面に垂直な方向の力が働いている。軌道面内の成分は軌道面ベクトルには影響しない。衛星の直下点が 0 度 $< \lambda < 90$ 度、90 度 $< \lambda < 180$ 度、180 度 $< \lambda < 270$ 度、270 度 $< \lambda < 0$ の軌道傾斜角 i と昇交点赤経 Ω はそれぞれ 図 4.4 のように変化する。これらより、昇交点赤経の変化 $\Delta\Omega$ は常に西方であり、その周期は前述のように 73.5年 である。周期が非常に長いことより、単位時間での昇交点の回転は非常に小さいことがわかる。

それに対し、軌道傾斜角は変化するが、1公転後には元に戻る。そしてその変化は無視できるほど小さい。

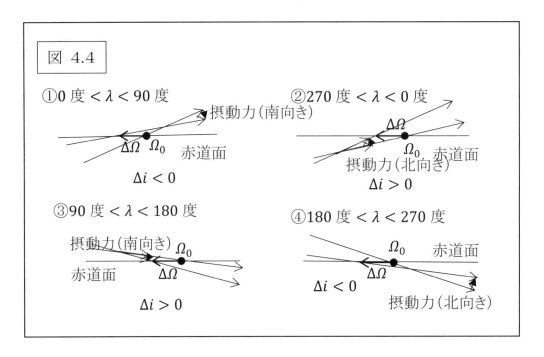

J_2項を考慮した平均経度 $\lambda = \Omega + \omega + M$ の変化率は、静止軌道では $e = 0$、$i = 0$ だから、地球と衛星が質点であるとした2体問題での平均運動を n_2 とすると、(4.20)、(4.21)、(4.22)より、J_2項を考慮したドリフトレート $\dot{\lambda}_{J2}$ は次のようになる。

$$\dot{\lambda}_{J2} = \dot{\Omega} + \dot{\omega} + \dot{M} = n_2 + 3\left(\frac{r_e}{a_{g2}}\right)^2 J_2 \dot{\theta}_e \tag{4.25}$$

$\dot{\lambda}_{J2}$ と2体問題での静止軌道の平均運動との差は J_2項によるドリフトレートへの影響であり、これを $\Delta\dot{\lambda}_{J2}$ とすると $n_2 = \dot{\theta}$ なので次のようになる。また、これに数値を代入すると J_2項によるドリフトレートへの影響が次のように求まる。

$$\Delta\dot{\lambda}_{J2} = \dot{\lambda}_{J2} - n_2 = \dot{\lambda}_{J2} - \dot{\theta}_e = 3\left(\frac{r_e}{a_{g2}}\right)^2 J_2 \dot{\theta}_e \tag{4.26}$$

$$= 3\left(\frac{6378.14}{42164.17}\right)^2 1.08264 \times 10^{-3} \cdot 360.9856$$
$$= 0.0268 (\text{deg}E/\text{day}) \tag{4.27}$$

これより、衛星の直下点経度は(4.27)の速度で東方にドリフトする。J_2項の影響による東方へのドリフトを相殺するため、J_2項を考慮した静止軌道長半径は a_{g2} より大きくなる。その差を Δa_{J2} とすると、(4.6)の $\dot{\lambda}$ を(4.26)の $\Delta\dot{\lambda}_{J2}$ に、Δa を Δa_{J2} に置き換えると次式となり、数値を入れて計算すると次が得られる。

$$\Delta a_{J2} \cong \frac{2}{3} \cdot \frac{\Delta \dot{\lambda}_{J2}}{\dot{\theta}_e} a_{g2} = 2 \frac{r_e^2}{a_{g2}} J_2 = 2.09 \text{km} \qquad (4.28)$$

従って、J_2項を考慮した静止軌道長半径 a_{gJ2} は a_{g2} より Δa_{J2} だけ大きく、次のようになる。

$$a_{gJ2} = a_{g2} + \Delta a_{J2} = 42164.17 + 2.09 = 42166.26 \text{km} \qquad (4.29)$$

J_2項を考慮した、接触軌道の軌道長半径、離心率及び近地点を考える。

J_2項を考慮した地球は、均質な球体地球より赤道上の質量が過多とみなせる（付録 O）ことから、(1.3)の M（中心物体の質量）が2体問題で仮定した質量より大きくなったのと同等である。そのため、衛星に作用する地球の引力による加速度(1.3)が2体問題での加速度より大きくなり、公転速度(2.3)が速くなる。

平均軌道が円の場合、カルテシアン軌道要素の速度は、J_2項を考慮すると、考慮しない場合より速いことから、2体問題で運動しているとしてカルテシアン軌道要素からケプラリアン軌道要素に変換した接触軌道では、軌道長半径は、J_2項による変化はないので変わらないが、衛星位置の反対側が膨らみ、衛星位置が近地点の楕円となる。

次に、(2.79)で定義した離心率ベクトルの動きを考える。

平均軌道では、J_2項による摂動で、$\dot{\Omega} + \dot{\omega}$ の角速度で近地点が東方移動する。

接触軌道では、前述のように衛星位置が常に近地点なので、衛星の公転周期と同期して近地点が移動している。また、この移動の角速度は $\dot{\Omega} + \dot{\omega}$ である。

このことから、接触軌道の離心率ベクトルは回転しており、その先端が描く弧長（円周長）は $(\dot{\Omega} + \dot{\omega}) \times$ 公転周期 $(2\pi/\dot{\theta}_e)$ だから、その回転半径が、平均軌道が円の場合の接触軌道の離心率 e_{gJ2} となる。この回転角速度は、静止軌道では $e = 0$、$i = 0$ なので、(4.20)、(4.21)より

$$\dot{\Omega} + \dot{\omega} = \frac{3}{2} \left(\frac{r_e}{a_{g2}} \right)^2 J_2 \dot{\theta}_e \qquad (4.30)$$

となるから、e_{gJ2} は(4.30)より次にようになる。

$$\begin{array}{l} 離心率ベクトル \\ 回転半径 \end{array} = e_{gJ2} = \frac{\dot{\Omega} + \dot{\omega}}{2\pi} \cdot \frac{2\pi}{\dot{\theta}_e} = \frac{\dot{\Omega} + \dot{\omega}}{\dot{\theta}_e} = \frac{3}{2} \left(\frac{r_e}{a_{g2}} \right)^2 J_2 \quad (4.31)$$

$$= \frac{3}{2} \left(\frac{6378.14}{42164.17} \right)^2 1.08264 \times 10^{-3} = 3.72 \times 10^{-5} \quad (4.32)$$

(4.31)の堀井道明氏から教わった解法を 付録 N に示す。

　その結果、J_2項を考慮した静止軌道は、接触軌道では軌道長半径は a_{gJ2}、離心率は e_{gJ2} となる。

　平均軌道は変化しないから、平均軌道の長半径は a_{gJ2}、離心率は"0"である。また、接触軌道の近地点である衛星が実際に運動する実軌道も円で、図 2.4 のような中心差はないので、衛星の直下点にも影響しない。

　また、次のような関係も得られる。

(4.26)、(4.31)より

$$\Delta\dot{\lambda}_{J2} = 3\left(\frac{r_e}{a_{g2}}\right)^2 J_2 \dot{\theta}_e \ \Rightarrow \ 3\left(\frac{r_e}{a_{g2}}\right)^2 J_2 = \frac{\Delta\dot{\lambda}_{J2}}{\dot{\theta}_e} \ \Rightarrow \ e_{gJ2} = \frac{1}{2}\cdot\frac{\Delta\dot{\lambda}_{J2}}{\dot{\theta}_e}$$

となる。これに、$\dot{\lambda}$ を $\Delta\dot{\lambda}_{J2}$、Δa を Δa_{J2} に置き換え(4.6)を代入し、離心率は正(負は近地点方向が軌道の反対側)だから絶対値をとると、次のようになる。

$$e_{gJ2} = \frac{1}{2}\cdot\frac{1}{\dot{\theta}_e}\left|-\frac{3}{2}\dot{\theta}_e\frac{\Delta a_{J2}}{a_{g2}}\right| = \frac{3}{4}\cdot\frac{\Delta a_{J2}}{a_{g2}} \tag{4.33}$$

さらに、これより、次の関係が得られる。

$$\Delta a_{J2} = \frac{4}{3}a_{g2}\cdot e_{gJ2} \tag{4.34}$$

これらより、J_2項 を考慮した静止軌道の遠地点半径 r_{aJ2} は次のようになる。

$$r_{aJ2} = a_{gJ2}(1 + e_{gJ2}) = a_{gJ2}\left(1 + \frac{3}{4}\cdot\frac{\Delta a_{J2}}{a_{g2}}\right) \cong a_{gJ2} + \frac{3}{4}\Delta a_{J2} \tag{4.35}$$

$$= a_{g2} + \Delta a_{J2} + \frac{3}{4}\Delta a_{J2} = a_{g2} + \frac{7}{4}\Delta a_{J2} \tag{4.36}$$

$$= 42167.82\text{km} \tag{4.37}$$

同様に、近地点半径 r_{pJ2} を求める。

$$r_{pJ2} = a_{gJ2}(1 - e_{gJ2}) = a_{gJ2}\left(1 - \frac{3}{4}\cdot\frac{\Delta a_{J2}}{a_{g2}}\right) \cong a_{gJ2} - \frac{3}{4}\Delta a_{J2} \tag{4.38}$$

$$= a_{g2} + \Delta a_{J2} - \frac{3}{4}\Delta a_{J2} = a_{g2} + \frac{1}{4}\Delta a_{J2} \tag{4.39}$$

$$= 42164.70\text{km} \tag{4.40}$$

(4.34)より、Δa_{J2} は定常的なバイアスであり、近地点方向の回転は衛星公転

と同期しており、半径 a_{gJ2} の円軌道が平均軌道となる。接触軌道の近地点半径が実軌道の軌道長半径だから、(4.38)より、平均軌道は実軌道の $3/4 \cdot \Delta a_{J2}$ 外側、(4.35)より、接触軌道の遠地点半径の $3/4 \cdot \Delta a_{J2}$ 内側である。

図 4.5 に、2体問題での静止軌道、J_2項を考慮した実軌道、J_2項を考慮した平均軌道及びJ_2項を考慮した接触軌道を示す。

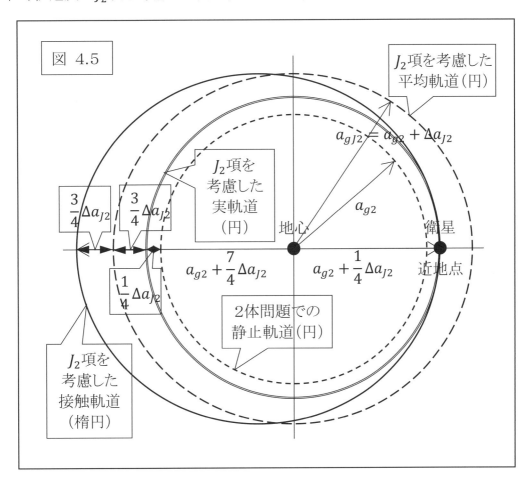

J_2項を考慮した静止軌道についてのまとめを 付録 M に示す。

ⅱ 地球赤道面の扁平による摂動

図 3.3 で示したように、赤道面は楕円に近い形状をしているため、地球重力の方向は、東経75度、162度、255度、348度以外では地心方向からずれる。

摂動力は大きくはないが、静止軌道では地球に対して衛星は同じ位置にとどまるため、影響が蓄積され無視できない。

軌道への影響を 図 4.6 に示す。図 3.3 では摂動力で表したが、この図では重力の方向で示している。この図は、東経75度から東経162度の範囲である。

この範囲では、重力方向は地心より東側にずれているので、接線方向成分が発生する。その方向は加速方向である。

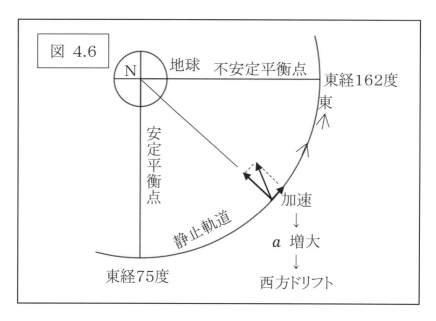

衛星の速度が加速されると、軌道長半径 a が大きくなる。(4.1)より、a が大きくなると平均運動が小さくなり(2.22)より公転周期も大きくなる。そのため、地球の自転角速度より衛星公転角速度が大きくなり、地球に対しては西方にドリフトする。同様に、東経255度から東経348度でも西方にドリフトする。東経348度から東経75度、及び東経162度から東経255度の範囲では、重力の方向が西側にずれるため、衛星速度を減速させるので、衛星は東方にドリフトする。

これは、地球の重力ポテンシャルモデルの tesseral項 で表されている。

そして、ドリフトレートの変化率 $\ddot{\lambda}$ は、直下点の経度 λ をパラメータに、次のように求められている。

$$\begin{aligned}
\ddot{\lambda} = &-6.822 \times 10^{-4} \\
&\times (\ -2.155 \sin 2\lambda - 1.252 \cos 2\lambda \\
&\quad -0.157 \sin 3\lambda + 0.307 \cos 3\lambda \\
&\quad +0.114 \sin \lambda - 0.014 \cos \lambda \\
&\quad +0.009 \sin 4\lambda + 0.014 \cos 4\lambda\ )\ (degE/day^2) \quad (4.41)
\end{aligned}$$

ここで、次のように三角関数の加法定理を利用して(4.41)を整理する。

$$a \sin \alpha \pm b \cos \alpha = \sqrt{a^2+b^2}\left(\frac{a}{\sqrt{a^2+b^2}}\sin\alpha \pm \frac{b}{\sqrt{a^2+b^2}}\cos\alpha\right)$$

$\beta = \tan^{-1}\frac{b}{a}$ とおくと

$\cos\beta = \dfrac{a}{\sqrt{a^2+b^2}}$ 、 $\sin\beta = \dfrac{b}{\sqrt{a^2+b^2}}$ だから

$$a \sin \alpha \pm b \cos \alpha = \sqrt{a^2 + b^2}(\sin \alpha \cos \beta \pm \cos \alpha \sin \beta)$$
$$= \sqrt{a^2 + b^2} \sin(\alpha \pm \beta) \tag{4.42}$$

であり、(4.41)は次のようになる。

$$\ddot{\lambda} = \{ \; 17.002 \sin 2(\lambda + 15.08)$$
$$+2.352 \sin 3(\lambda - 20.97)$$
$$-0.784 \sin(\lambda - 7.00)$$
$$-0.114 \sin 4(\lambda + 14.32) \; \} \times 10^{-4} (\deg E/\text{day}^2) \tag{4.43}$$

この $\ddot{\lambda}$ は(4.6)を時間微分すると $\dot{a}$ に対応している。

(4.43)の計算結果は 図 4.7 のようになる。

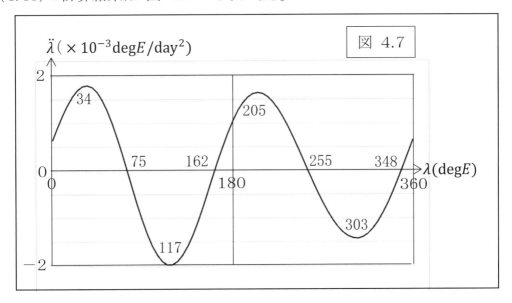

これより、$\ddot{\lambda}$ は東経34度と205度で極大となり、34度の値が最大である。また、東経117度と303度で極小となり、117度が最小である。

さらに、東経75度、162度、225度及び344度で $\ddot{\lambda} = 0$ となり、これらの点ではドリフトレートは変化しないことから平衡点であることがわかる。

そして、静止軌道に投入された衛星は、その直下点が東経75度から162度及び255度から348度では西方へドリフトし、東経348度から75度及び162度から255度の範囲では東方へドリフトする。

ドリフトレートの時間微分である(4.41)は経度方向のポテンシャル(位置エネルギーを位置の関数として表したスカラー量)の傾斜に相当するので、経度 λ で積分すると、λ を位置パラメータとしたポテンシャルとなる。ポテンシャルに負号を付けると位置エネルギーに相当する。従って、経度をパラメータとした相対的な位置エネルギーは次のようになる。

$$\text{位置エネルギー相当} \equiv -\int \ddot{\lambda} \, d\lambda$$

$$
\begin{aligned}
&= \Bigl\{\ \tfrac{1}{2}17.002\cos 2(\lambda + 15.08) \\
&\quad +\tfrac{1}{3}2.352\cos 3(\lambda - 20.97) \\
&\quad -0.784\cos(\lambda - 7.00) \\
&\quad -\tfrac{1}{4}0.114\cos 4(\lambda + 14.32)\ \Bigr\} + A \\
&= \Bigl\{\ 8.501\cos 2(\lambda + 15.08) \\
&\quad +0.784\cos 3(\lambda - 20.97) \\
&\quad -0.784\cos(\lambda - 7.00) \\
&\quad -0.029\cos 4(\lambda + 14.32)\ \Bigr\} + A \quad\quad (4.44)
\end{aligned}
$$

ここで、(4.44)は経度 λ をパラメータとしているので、付録 A の(A.2)の r は λ に相当し、この場合の運動エネルギーは $\dot{\lambda}$ が(A.1)の v に相当している。

(4.44)の計算結果は、積分定数 A を除いて λ をパラメータとすると、その変化は 図 4.8 のようになる。

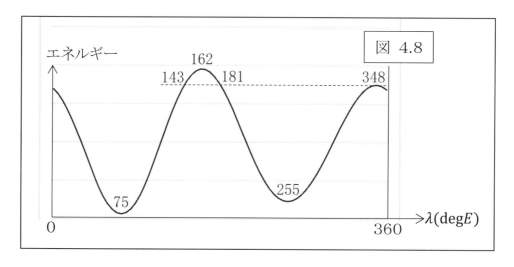

これより、東経75度と255度は安定平衡点であり、東経162度と348度は不安定平衡点であることがわかる。不安定平衡点の一つである東経348度での位置エネルギーは東経162度より小さく、その両側の143度及び181度と同じである。

図 4.8 の一部の拡大を 図 4.9 に示す。この図で、衛星の動きをエネルギーの観点から考える。

初期状態を衛星が経度Aに静止しているとすると、そこから、次のように状態が変化する。

①経度Aに静止した衛星は、摂動により東向きに加速しながらドリフトする。(衛星の公転角速度が徐々に大きくなり、軌道長半径は小さくなる。)

②ドリフト速度に応じて運動エネルギーが大きくなり、東方に衛星が移動したことから位置エネルギーが小さくなる。

③経度Bにおける衛星は、位置エネルギーが Δ だけ減少し、当初"ゼロ"であった運動エネルギーが Δ となる。位置エネルギーと運動エネルギーの和である力学的エネルギーは保たれる。

④衛星が経度Cに到達すると $\dot{\lambda}$ がゼロとなる。

⑤経度CからDでは $\dot{\lambda}$ の符号が正から負に変わり、ドリフト速度が徐々に小さくなる。(衛星の公転角速度が小さくなり、軌道長半径は大きくなる。)

⑥それに従って、徐々に運動エネルギーが小さくなり位置エネルギーが大きくなる。力学的エネルギーは保たれる。

⑦経度Dでドリフトレートが"ゼロ"(運動エネルギーも"ゼロ")となり、ドリフト方向が変わり、西方にドリフトし始める。

⑧そして、経度Aから経度Dへのドリフトの逆を辿り、運動エネルギーと位置エネルギーを交換しながら衛星は経度Aに戻る。

⑨このように、静止した衛星を放置した場合、東西運動を繰り返す。

⑩このドリフトは、東経143度から181度の間に静止した衛星では、東西にほぼ地球を1周し、それ以外の位置に静止した場合の東西方向の移動範囲は地球半周以下である。

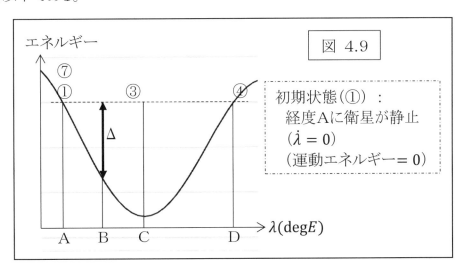

図 4.9

初期状態(①):
経度Aに衛星が静止
($\dot{\lambda} = 0$)
(運動エネルギー= 0)

このドリフトの具体的計算例を 付録 L に示す。

ⅲ 月・太陽の引力による摂動

月が赤道面上にあるとすると、月の引力による摂動力の方向は 図 3.8 に示したとおりであり、図 3.8 の点Aから点B及び点Cから点Dまでは減速され、点Bから点C及び点Dから点Aまでは加速される。その結果、軌道長半径は半日周期で

変化する。その振幅は 約1km程度 である。同様に、太陽引力による摂動力の振幅は 0.5km程度 である。そのため、直下点経度は、月の引力により 0.002度程度、太陽引力で 0.001度程度 変動する。これらは短周期摂動である。

　図 3.8 で、摂動がB、D点では地心方向、A、C点では半径方向である。そして、B、D点での摂動力はA、D点のそれの約半分だから、1周の速度に垂直な方向の摂動力を積分すると半径方向となる。そのため、衛星の1公転では、J_2項 による摂動とは逆に、球体地球に比べ質量が小さくなったのと等価であり、平均運動は2体問題のそれより小さくなる。そのため、西向きのドリフト（負のドリフトレート）が発生する。これは永年摂動である。

　月の引力によるドリフトレートの変化分 $\Delta\dot{\lambda}_m$ は次のように求められている。

$$\Delta\dot{\lambda}_m \cong n\frac{M_m}{M_e}\left[\left(\frac{a_g}{r_{me}}\right)^3\left\{2 - 3\cos^2\phi_m - \frac{21}{8}\sin 2\phi_m \sin i \sin(\alpha_1 - \Omega)\right\}\right]$$
(4.45)

　ここで、M_m は月の質量、M_e は地球の質量、r_{me} は月の地球からの距離、ϕ_m は月位置の赤緯、α_1 は軌道面に投影した月位置の赤経である。（赤経、赤緯については 付録 C 参照。）

　月の軌道が円でその長半径が $a_m(r_{me} = a_m)$、衛星軌道の傾斜角 i を $i = 0$ として近似すると(4.45)は次のようになる。

$$\Delta\dot{\lambda}_m \cong n\frac{M_m}{M_e}\left(\frac{a_g}{a_m}\right)^3(2 - 3\cos^2\phi_m) = n\frac{M_m}{M_e}\left(\frac{a_g}{a_m}\right)^3(-1 + 3\sin^2\phi_m)$$

（4. 12)で　$\sin\phi = \sin i \sin\varphi$　だから、同様に
月の軌道傾斜角を i_m、月の緯度引数を φ_m とすると
$\sin\phi_m = \sin i_m \sin\varphi_m$　なので

$$= n\frac{M_m}{M_e}\left(\frac{a_g}{a_m}\right)^3(-1 + 3\sin^2 i_m\sin^2\varphi_m)$$

2倍角公式　$\cos 2\alpha = 1 - 2\sin^2\alpha$　より
$\sin^2\varphi_m = \dfrac{1 - \cos 2\varphi_m}{2}$　だから

$$= n\frac{M_m}{M_e}\left(\frac{a_g}{a_m}\right)^3\left\{\left(-1 + \frac{3}{2}\sin^2 i_m\right) - \frac{3}{2}\sin^2 i_m \cos 2\varphi_m\right\}$$ (4.46)

　(4.46)の第1項は i_m の変動を無視すれば一定なので、平均運動が小さくなるバイアス項であり、第2項は半月周期の周期項である。

　(4.46)は月の引力についてである。太陽についても同じで、太陽では添え字を s として表すこととする。

70

月の軌道傾斜角 i_m は黄道面に対して ± 5.15度 の範囲で、18.6年周期で変動するが、$i_m = i_s = 23.44$度 とするとバイアス項は次のようになる。ここで、$M_m = 7.35 \times 10^{22}$kg、$M_e = 5.972 \times 10^{24}$kg、$M_s = 1.99 \times 10^{30}$kg、$a_g = 4.2164 \times 10^4$km、$a_m = 3.844 \times 10^5$km、$a_s = 1.496 \times 10^8$km とした。

$$\Delta\dot{\lambda}_m \cong 0.045 (\text{degE/day}) \tag{4.47}$$

$$\Delta\dot{\lambda}_s \cong 0.021 (\text{degE/day}) \tag{4.48}$$

これらを静止軌道長半径の影響に(4.28)と同様に換算すると次のようになる。

$$\Delta a_m \cong \frac{2}{3}\frac{\Delta\dot{\lambda}_m}{360.9856} 42164.17 = -0.35 \text{km} \tag{4.49}$$

$$\Delta a_s \cong \frac{2}{3}\frac{\Delta\dot{\lambda}_s}{360.9856} 42164.17 = -0.16 \text{km} \tag{4.50}$$

周期項では、月の引力による変動は半月周期であり、その振幅は(4.45)の第2項より、ドリフトレートでは 0.0014(degE/day)、軌道長半径では 100m 程度であり、太陽の引力による変動は半年周期、ドリフトレートの振幅は 0.0006(degE/day)、軌道長半径では 50m 程度である。

次に、月・太陽の引力が離心率ベクトルにどのように影響するかを考える。

月・太陽による摂動力は 図 3.8 の方向である。離心率ベクトルの変化する方向と大きさは 図 3.15 左 のように v_0 と Δv のなす角を θ とすると、(3.43)となる。

図 3.8 のA、B、C、Dでの θ はそれぞれ $-\pi/2$、$\pi/2$、$-\pi/2$、$\pi/2$ である。AからB及びCからDの間の $\theta = \pi$ となる点をそれぞれE'、G'とする。同様に、BからC及びDからAの間の $\theta = 0$ となる点をそれぞれF'、H'とし、これらを(3.43)に代入すると各点での離心率ベクトルの変化は次のようになる。

$$\Delta\mathbf{e} = \frac{\Delta v}{v_0}\begin{pmatrix} 2\cos\theta \\ \sin\theta \end{pmatrix} \tag{3.43}$$

$$\left.\begin{array}{ll} \Delta\mathbf{e}_A = \dfrac{\Delta v_A}{v_0}\begin{pmatrix} 0 \\ -1 \end{pmatrix} & , \quad \Delta\mathbf{e}_B = \dfrac{\Delta v_B}{v_0}\begin{pmatrix} 0 \\ 1 \end{pmatrix} \quad , \\[3mm] \Delta\mathbf{e}_C = \dfrac{\Delta v_C}{v_0}\begin{pmatrix} 0 \\ -1 \end{pmatrix} & , \quad \Delta\mathbf{e}_D = \dfrac{\Delta v_D}{v_0}\begin{pmatrix} 0 \\ 1 \end{pmatrix} \quad , \\[3mm] \Delta\mathbf{e}_{E'} = \dfrac{\Delta v_{E'}}{v_0}\begin{pmatrix} -2 \\ 0 \end{pmatrix} & , \quad \Delta\mathbf{e}_{F'} = \dfrac{\Delta v_{F'}}{v_0}\begin{pmatrix} 2 \\ 0 \end{pmatrix} \quad , \\[3mm] \Delta\mathbf{e}_{G'} = \dfrac{\Delta v_{G'}}{v_0}\begin{pmatrix} -2 \\ 0 \end{pmatrix} & , \quad \Delta\mathbf{e}_{H'} = \dfrac{\Delta v_{H'}}{v_0}\begin{pmatrix} 2 \\ 0 \end{pmatrix} \end{array}\right\} \tag{4.51}$$

Δv の大きさは $\Delta v_A \cong \Delta v_C > \Delta v_{E'} = \Delta v_{H'} \cong \Delta v_{F'} = \Delta v_{G'} > \Delta v_B = \Delta v_D$ であり、$\Delta v_A \cong \Delta v_C \cong 2\Delta v_B = 2\Delta v_D$ である。

これより、月・太陽が動いていないとすると、離心率ベクトルの変化は、図 3.15 右 のように反地心方向から θ の方向なので、図 4.10 のようになる。

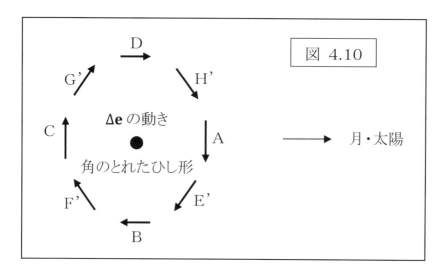

この動きは、BD方向に長い角のとれたひし形となり、衛星の公転とは逆方向に回転する。その長径は月で 5×10^{-5}、太陽で 2×10^{-5}、短径は月で 4×10^{-5}、太陽で 1.5×10^{-5} 程度である。これらは衛星の公転周期と同期して変動するので短周期摂動である。

衛星の1公転の間に、太陽は約1度公転するが、動きが小さいのでその影響は無視できるほど小さい。

それに対し、月は衛星の1公転の間に約13度公転するので、ひし形が閉じない。その結果、月の公転と同期して離心率ベクトルはほぼ円運動する。その周期は約1か月であり、周期約1か月の長周期摂動となる。そして、その半径は 4×10^{-5} 程度である。

また、軌道の長径は、J_2項による摂動とは異なり、衛星公転とは逆方向に回転する。そのため、平均軌道が円の場合、図 3.8 の A、C では衛星位置と同方向に離心率ベクトルがあることから接触軌道では近地点であり、B、D では離心率ベクトルが衛星の反対方向を向いているので遠地点となる。

最後に、月・太陽の引力が軌道面ベクトルにどのように影響するかを考える。

夏至の太陽の位置で、衛星が $\lambda = 90$ 度 にある時、太陽引力による摂動力の軌道面に垂直な成分は 図 4.11 より、北向きであり、$\lambda = -90$ 度 では南向きである。太陽までの距離は地球から衛星までの距離に比べると非常に遠いので、潮汐力の方向はほぼ太陽の方向である。同様に、冬至の太陽の位置でも衛星が $\lambda = -90$ 度 では摂動力が南向き、$\lambda = 90$ 度 では北向きである。

図 3.8 は軌道面に月がある場合の例であり、月や太陽が軌道面上にない場合は、図 4.11 のように、軌道面に垂直な方向の摂動力成分が現れる。

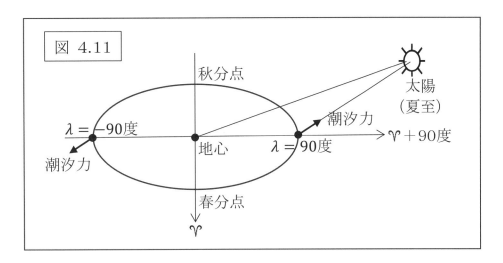

初期軌道が赤道面上にあったとすると、夏至に衛星が $\lambda = 90$度 の位置では、潮汐力により軌道面は $\Upsilon + 90$度 の方向を軸に 図 3.17 と同様に回転し、図 4.12 のようになる。

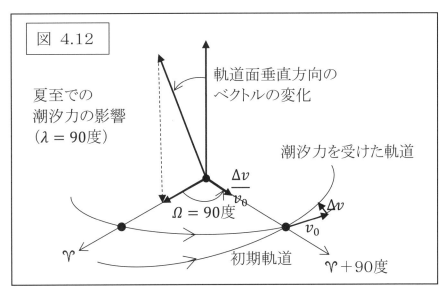

その結果、軌道傾斜角と昇交点赤経はそれぞれ $i = \Delta v/v_0$、$\Omega = 90$度 となる。そして、軌道面ベクトル $\mathbf{i}$ は(3.49)より

$$\mathbf{i} = \frac{\Delta v}{v_0}\begin{pmatrix}\cos\Omega \\ \sin\Omega\end{pmatrix} = \begin{pmatrix}0 \\ \dfrac{\Delta v}{v_0}\end{pmatrix} \quad (4.52)$$

となり、軌道面ベクトルは $\Upsilon + 90$度 の方向に $\Delta v/v_0$ 動く。衛星が $\lambda = -90$度 にあるときも、潮汐力が南向きなので、軌道面ベクトルの動きは同じ方向である。

衛星が $\lambda = 0$度 から $\lambda = 180$度 までは摂動力は北向きで、衛星の位置により軌道面ベクトルの動く速度と方向は半日周期で波打つが、合計すると 図 4.13 のような方向となる。

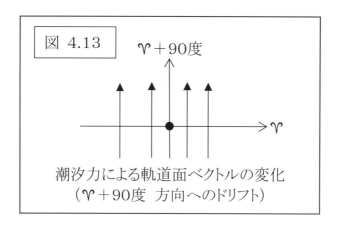

潮汐力による軌道面ベクトルの変化
（♈＋90度 方向へのドリフト）

　λ＝180度 から λ＝0度 までも同様である。この波打ちの半日の変化は短周期摂動であり無視できるほど小さい。

　太陽の年周運動により、軌道面ベクトルは振幅 0.03度程度 で半年周期の脈動しながら ♈＋90度 方向にドリフトする。この脈動は半年周期の長周期摂動であり、♈＋90度 方向へのドリフトは永年摂動で、その大きさは 0.3度/年程度 である。

　月についても同様で、半月周期の振幅 0.004度程度 の長周期摂動を含み、軌道面ベクトルはほぼ ♈＋90度 方向に 0.6度/年程度 でドリフトする。このドリフトは永年摂動である。月の軌道面は 18.6年 の周期で変動する(付録F 図 F.5 参照)ため、その周期で軌道面ベクトルの動く大きさと方向が多少変化する。これは長周期摂動である。

　ⅳ　太陽輻射圧による摂動

　太陽からの輻射圧による摂動力は 図 3.11 のように常に太陽とは反対方向である。そのため、衛星が太陽方向にあるときとは摂動力は地心方向、反対側にあるときには半地心方向であり、太陽方向から90度進んだ位置では加速方向、90度遅れた位置では減速方向となる。

　その結果、軌道長半径は90度進んだ位置では大きくなり、90度遅れた位置では小さくなり、1公転で元に戻る短周期摂動となる。

　太陽輻射圧による摂動力の大きさは、太陽輻射圧 P_s (4.5×10^{-6} kg・m/s²) と衛星の太陽方向の有効断面積 A 及び太陽輻射圧係数 C_R (衛星表面の状態により 1.0〜1.5) に比例し、衛星の質量 m に反比例する。その結果、質量 m が 1000kg、有効断面積 A が 4m² の衛星では、軌道長半径が 70m程度 の振幅で1日周期の短周期摂動が発生する。

　また、近地点の方向は、図 3.12、図 3.13、図 3.14 に示したように、大きさは脈動するが、常に太陽方向から90度方向に動く。そのため、太陽の公転と共に

近地点方向が回転する。その半径 R_e は、太陽の平均運動を n_s とすると

$$R_e = \frac{3}{2} \cdot \frac{1}{nan_s} \cdot \frac{C_R A}{m} P_s \cong 0.011(\text{kg/m}^2) \frac{C_R A}{m} \tag{4.53}$$

と求められている。これより、質量 m が1000kg、有効断面積 A が 4m^2 の衛星では $R_e = 4 \times 10^{-4}$ 程度である。

v 静止軌道の摂動のまとめ

摂動源毎に見てきた静止軌道の摂動を、静止軌道長半径、軌道面ベクトル及び離心率ベクトルの摂動について、総合してみると次のようになる。

静止軌道長半径と公転速度は、J_2項、月・太陽の引力による摂動で2体問題のそれからずれる。その結果、これらの摂動を考慮すると、静止軌道長半径 a_g は、(4.29)、(4.47)、(4.48)より、公転速度 v_g は(2.3)よりそれぞれ次のようになる。

$$a_g = a_{g2} + \Delta a_{J2} + \Delta a_m + \Delta a_s = 42165.75\text{km} \tag{4.54}$$

$$v_g = \sqrt{\frac{\mu}{a_g}} = 3074.603(\text{m/s}) \tag{4.55}$$

軌道面ベクトルは、J_2項、月・太陽の引力により変動を受ける。

J_2項 による長周期摂動は 図 4.3 のとおりであり、月・太陽による永年摂動は $\Upsilon + 90$度 方向への永年摂動と月の軌道面の変動周期と同じ 18.6年周期 の長周期摂動である。

月の引力による長周期摂動を平均化し、J_2項 による長周期摂動($i = 0$ を中心とした回転運動)と月・太陽の引力による永年摂動($\Upsilon + 90$度 方向へのドリフト)を合成すると、図 4.14 に示すような、中心が $\Omega = 0$、$i = 7.4$ 度 で約54年周期の長周期摂動となる。

静止位置の許容範囲は限られており、静止軌道では、$i \cong 0$ である。このことから、軌道面ベクトルの摂動については、原点($i = 0$)付近が重要である。

$i = 0$ 付近での年平均軌道面ベクトルの変化速度 $\mathbf{i}$ は

$$\mathbf{i} = \frac{d}{dt}\begin{pmatrix} i_{gx} \\ i_{gy} \end{pmatrix} = \begin{pmatrix} -0.744 \sin N + 0.015 \sin 2N \\ 4.721 + 0.540 \cos N - 0.015 \cos 2N \end{pmatrix} \times 10^{-10} \text{ (rad/s)} \tag{4.56}$$

と求められている。ここで、N は月軌道の昇交点黄経で次のように表される。

$$N = 125.1 + 19.34(\text{deg/year})(t - t_{2000})(\text{deg}) \tag{4.57}$$

$(t_{2000}:1999$年12月31日0時 UT=2000年1月0日0時 UT$)$

75

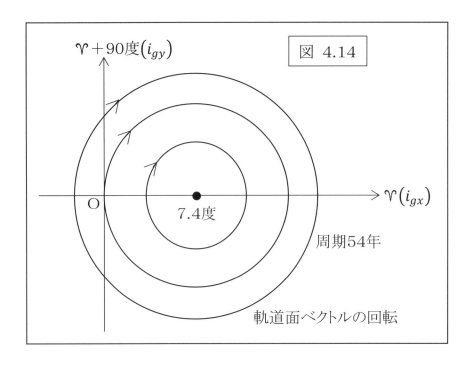

(4.57)より、360(deg)/19.34(deg/year) = 18.6(year) で月軌道の昇交点黄経が回転していることがわかる。(付録 F 参照)

これより、軌道面ベクトルは、♈+90度(i_{gy}) 方向から、最大で

$$\pm\tan^{-1}\frac{0.744}{4.721} = \pm 9 \text{(deg)} \tag{4.58}$$

♈(i_{gx}) 方向からずれるが、ほぼ ♈+90度(i_{gy}) 方向である。また、軌道面ベクトルの変化速度 $|\mathbf{i}|$ は(4.56)より、次のようになる。

$$|\mathbf{i}| = \sqrt{\left(\frac{d}{dt}i_{gx}\right)^2 + \left(\frac{d}{dt}i_{gy}\right)^2}$$
$$= 0.859 + 0.098 \cos N - 0.008 \cos 2N \text{ (deg/year)} \tag{4.59}$$

そして、軌道面ベクトルの O 付近での変化速度は 0.75度/年から0.95度/年 である。

この摂動は、月軌道の軌道面ベクトル(白道面)の 18.6年周期、半径5.1度の変動要因(J_2項と太陽引力)(図 F.5 参照)と同様である。

離心率ベクトルは、月の引力による 半径約4×10^{-5} の 1月周期の摂動と太陽輻射圧による1年周期の摂動がある。

それを合成すると、太陽と同期して、月の引力による摂動によりサイクロイド状の変動となる。離心率ベクトルの長周期摂動のイメージを 図 4.15 に示す。

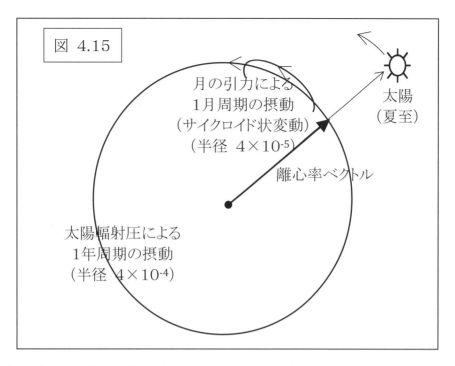

半径は衛星の質量、太陽方向に対する断面積、表面の状態により変わる。前述のように 質量が1000kg、有効断面積 4m² の衛星では $4×10^{-4}$ 程度である。

以下に、静止軌道に関する、摂動周期、摂動源及び変動する軌道要素についてまとめる。ここでの摂動は、2体問題からの軌道の変化である。

短周期摂動 短周期摂動は、接触軌道の摂動であり、平均軌道は変化しない。

摂動源	軌道長半径 振幅(km)	軌道長半径 周期(日)	離心率ベクトル 振幅	離心率ベクトル 周期(日)	直下点経度 振幅(度)	直下点経度 周期(日)
J_2 項	−	−	$4×10^{-5}$	1.0	−	−
月の引力	1	0.5	$5×10^{-5}$	1.0	0.002	0.5
太陽の引力	0.5	0.5	$2×10^{-5}$	1.0	0.001	0.5
太陽輻射圧	0.07	1.0	−	−	−	−

長周期摂動

摂動源	ドリフトレート 振幅(度/日)	ドリフトレート 周期(月)	離心率ベクトル 振幅	離心率ベクトル 周期(月)	軌道面ベクトル 振幅(度)	軌道面ベクトル 周期(月)
月の引力	0.0014	0.5	$4×10^{-5}$	1.0	0.004	0.5
太陽の引力	0.0006	6.0	−	−	0.03	6.0
太陽輻射圧	−	−	$4×10^{-4}$	12.0	−	−

| 永年摂動 | : 周期数年以上を含む |

摂動源	ドリフトレート (度/日)	ドリフトレートの 変化率	軌道面ベクトル (度/年)		
月の引力	-0.0045	$-$	0.6	図	図 4.14
太陽の引力	-0.0021	$-$	0.3	4.13	
J_2項	0.0268	$-$	(※1)		
tesseral 項	$-$	図 4.7(※2)	$-$		

※1 : $i = 0$ では軌道面ベクトルは変化しない。$i \neq 0$ では 73.5年周期で回転し、月・太陽の引力の影響と合わせると 7.4度 を中心に54年周期で回転する(図 4.14)。

※2 : 軌道長半径も $\dot{a}(\text{km/day}) = -77.9\ddot{\lambda}(\text{deg/day}^2)$ で変化する。
これは、(4.6)を時間微分し数値を代入することで次のように得られる。

$$\dot{\lambda} \cong -\frac{3}{2}\dot{\theta}_e\frac{\Delta a}{a_{g2}} \quad (4.6)を微分した \quad \ddot{\lambda} \cong -\frac{3}{2}\dot{\theta}_e\frac{\dot{a}}{a_{g2}} \quad より$$

$$\dot{a}(\text{km/day}) = -\frac{2}{3}\cdot\frac{42164.17(\text{km})}{360.9856(\text{deg/day})}\ddot{\lambda}(\text{deg/day}^2)$$
$$\cong -77.9(\text{km}\cdot\text{day/deg})\ddot{\lambda}(\text{deg/day}^2) \quad (4.60)$$

ここでは、太陽輻射圧に関して、衛星の質量 1,000kg、有効断面積 4m^2 程度とした。

IV−4 静止軌道の保持

衛星が静止軌道に投入されても、摂動のためにその位置が動いてしまう。そのため、定期的に軌道を制御し、許容の範囲に留めておく必要がある。

このように、衛星の軌道を制御して許容の範囲に留めておくことを"軌道保持"という。衛星位置の許容範囲は東西、南北共に 0.1度 程度の場合が多い。

東西方向の変動は、tesseral項による摂動、離心率ベクトルの年周運動、離心率による日周運動を考慮することになる。軌道傾斜角による東西方向の変動は、軌道傾斜角が 0.1度 では 0.001度以下 なので無視できる。

南北方向の変動は、軌道面の長周期摂動によるものである。

東西方向と南北方向の変動は、それぞれ独立した要因なので、以下では個別に考えることとする。

　i　東西方向軌道保持

日本上空 東経140度 の静止衛星を例に考える。静止位置の許容範囲は狭いことから、その範囲でのドリフトレートの変化率 $\ddot{\lambda}$ は一定とする。

(4.41)に $\lambda = 140$ 度 を代入すると、東経140度でのドリフトレートの変化率は次のようになる。

$$\ddot{\lambda} = -1.3574 \times 10^{-3} (\text{deg/day}^2) \tag{4.61}$$

初期のドリフトレートを $\dot{\lambda}_0$ とすると t 日後 のドリフトレート $\dot{\lambda}$ は

$$\dot{\lambda} = \dot{\lambda}_0 + \ddot{\lambda} t \tag{4.62}$$

だから、初期位置を λ_0 とすると、t 日後 の位置 λ_t は(4.62)を積分し

$$\lambda_t = \lambda_0 + \dot{\lambda}_0 t + \frac{1}{2} \ddot{\lambda} t^2 \tag{4.63}$$

となる。(4.62)より、$\dot{\lambda}$ は t に比例するから、$\lambda - \dot{\lambda}$ の関係は 図 4.16 のような放物線を描く。

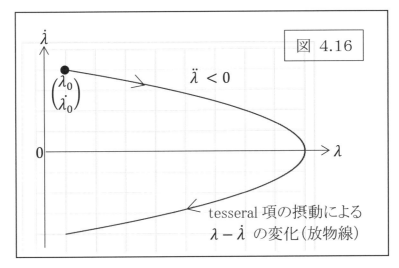

(4.63)より、t 日間 のドリフト $\Delta \lambda$ は

$$\Delta \lambda = \lambda_t - \lambda_0 = \dot{\lambda}_0 t + \frac{1}{2} \ddot{\lambda} t^2 \tag{4.64}$$

である。ここで、$\dot{\lambda}_0 = 0$ (静止状態) とすると、$\Delta \lambda$ ドリフトする時間 t は次のようになる。

$$t = \sqrt{\frac{2\Delta \lambda}{\ddot{\lambda}}} \tag{4.65}$$

静止位置の許容範囲が ± 0.1 度 の場合、東経140度 では $\dot{\lambda}_0 = 0$ から西方にドリフトするので、許容範囲の東方から西方までドリフトする期間を t_{140E} は

$$t_{140E} = \sqrt{\frac{2(-0.2)}{-1.3574 \times 10^{-3}}} \cong 17.2 (\text{day}) \tag{4.66}$$

である。そして、西端に達した時のドリフトレート $\dot{\lambda}_t$ は (4.62) より次のようになる。

$$\dot{\lambda}_t = -1.3574 \times 10^{-3} \times 17.2 = -0.2335 (\text{dayE/day}) \tag{4.67}$$

図 4.16 において、初期経度と初期ドリフトレートを $\lambda_0 = 139.9 (\text{degE})$ 及び $\dot{\lambda}_0 = 0.2335 (\text{degE/day})$ とすると、17日後に 140.1度 に達し、そこでドリフトレート方向が変わり、34日後に 東経139.9度 に戻る。

東経139.9度 に戻った時に、ドリフトレートを $-0.2335 (\text{degE/}day)$ から $0.2335 (\text{degE/day})$ に制御すると、また同じように衛星はドリフトする。これを繰り返せば衛星を所定の範囲に留めておくことができる。

この軌道制御の量を計算する。(3.38)、(4.8)、(4.54)、(4.55)より

$$\begin{aligned}
\Delta v (\text{m/s}) &\cong \frac{1}{2} \cdot \frac{v_g}{a_g} \Delta a = \frac{1}{2} \cdot \frac{v_g (\text{m/s})}{a_g (\text{km})} \cdot \frac{1}{-0.1284} \Delta \dot{\lambda} (\text{degE/day}) \\
&= \frac{1}{2} \cdot \frac{3074.6}{42166} \cdot \frac{1}{-0.1284} \Delta \dot{\lambda} (\text{degE/day}) \\
&= -0.2893 \Delta \dot{\lambda} (\text{degE/day}) \tag{4.68}
\end{aligned}$$

となる。$\Delta \dot{\lambda} = 2 \times 0.2335 (\text{degE/day})$ を代入すると、制御量 Δv_{EW} は

$$\Delta v_{EW} = -0.133 (\text{m/s}) \tag{4.69}$$

である。これより、年間の制御量を求めると、34日毎に (4.69) の制御を実施するので、

$$\Delta v_{EW(\text{year})} = -0.133 (\text{m/s}) \frac{365}{34} = -1.428 (\text{m/s}) \tag{4.70}$$

である。

実際の運用の現場では、太陽輻射圧による離心率の年周運動による衛星位置の東西方向の日周変化や制御の誤差を考慮して運用上の静止範囲を定めることになる。

軌道を制御する際、Δv_{EW} を2回に分け、近地点と遠地点で制御すると、結果の軌道を完全な円軌道とすることが可能である。しかし、太陽輻射圧による摂動のため、1年周期の変動をしているので、この変動と制御での離心率ベクトルの変化を一部相殺することで、離心率を小さく保つことができる。

それは、次のような方法である。図 4.17 に示すように、摂動では離心率ベクトルは太陽方向から90度遅れた方向に変化する。そこで、軌道制御を衛星が太陽から90度進んだ位置（直下点の地方時が18時）で実施すると、この制御は減速なので、制御により離心率ベクトルは太陽方向から90度進んだ方向に変化し、太陽輻射圧による摂動（図 4.15）の変化の一部を相殺することができる。

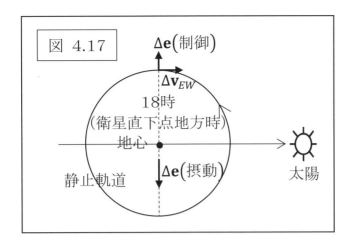

図 4.18 に制御前後の離心率ベクトルの太陽輻射圧によるドリフトと制御による離心率ベクトルの変化を示す。

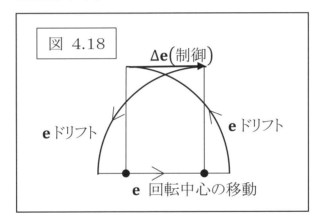

この変化を、制御を1年間に4回実施する(実際は10回以上)とした場合の離心率ベクトルのドリフト及び制御での変化を 図 4.19 に示す。

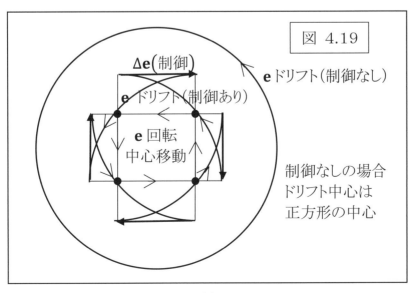

このように、制御がない場合のドリフトよりも適切な衛星の位置で制御をすることにより、離心率を小さく保つことができる。

ここでは、$\ddot{\lambda} < 0$ の場合の例で考えたが、$\ddot{\lambda} > 0$ の場合では、加速方向の制御となるため、制御時刻は衛星直下点の地方時 6時 となる。

  ⅱ 南北方向軌道保持

軌道面ベクトルは、ほぼ ♈−90度($\Omega = -90$度)方向から ♈+90度($\Omega = 90$度)方向 に動く。南北方向の軌道保持制御では、その逆に、♈+90度($\Omega = 90$度)方向 から ♈−90度($\Omega = -90$度)方向 に軌道面ベクトルを動かす。

この制御を 図 4.20 に示す。

この制御は、軌道面を 図 4.20 のように変更するから、制御の位置は昇交点(制御の方向は南向き)あるいは降交点(制御の方向は北向き)となる。

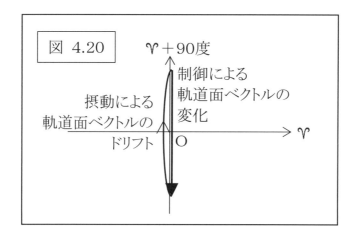

そして、制御の大きさは、(3.49)、(4.55)より

$$\Delta v_{NS}(\text{m/s}) = v_g(\text{m/s})\Delta i(\text{rad}) = 53.66 \cdot \Delta i(\text{deg})(\text{m/s}) \quad (4.71)$$

である。

軌道面ベクトルを制御する大きさは、保持範囲を ±0.1度 とすると、0.2度 なので具体的な速度変更量は(4.71)より次のように求まる。

$$\Delta v_{NS}(\text{m/s}) = 53.66 \cdot 0.2(\text{deg})(\text{m/s}) = 10.73(\text{m/s}) \quad (4.72)$$

年間では、(4.59)より、Δi は0.75度から0.95度 なので、(4.71)より

$$\begin{aligned}\Delta v_{NS(year)}(\text{m/s}) &= 53.66 \cdot 0.75(\text{deg})(\text{m/s}) = 40.25(\text{m/s}) \\ &\sim= 53.66 \cdot 0.95(\text{deg})(\text{m/s}) = 50.00(\text{m/s})\end{aligned} \quad (4.73)$$

の範囲である。これと(4.70)より、軌道保持に必要な制御量（衛星に搭載する推薬量）のほとんどは南北方向制御に使用されることがわかる。

　制御は昇交点あるいは降交点で実施するので、その具体的な衛星直下点の地方時は次のようになる。また、18.6年周期で白道面の摂動に伴って軌道面ベクトルのドリフト方向が±9度程度変動することから、制御時刻も±36分の範囲で前後する。

制御時期 制御位置と方向	春分	〜	夏至	〜	秋分	〜	冬至
降交点で北向きΔv	6時	〜	0時	〜	18時	〜	12時
昇交点で南向きΔv	18時	〜	12時	〜	6時	〜	0時

V 太陽同期準回帰軌道

　静止軌道では、地球が均質な球体でないこと等による摂動のため、一旦静止軌道に投入しても所定の位置から動いてしまうので、定期的な軌道保持の操作が必要であった。

　それに対し、摂動を利用した、地球観測等に有用な軌道が"太陽同期準回帰軌道"である。

　"太陽同期軌道"とは、軌道面と平均太陽（季節変化を無視し、等速で赤道面上を1年に1公転する仮想の太陽）の方向が常に一定の角度を保つ軌道である。実際の太陽は地球から見ると軌道は円でないので動きは等速ではなく、赤道面と黄道面も一致していないことから、軌道面と太陽方向は常に一定ではない。

　"回帰軌道"は衛星が地球を複数回公転して1恒星日後に同じ"交点経度"（衛星が赤道面を北から南に横切る時の直下点経度）に戻ってくる軌道であり、"準回帰軌道"とは地球が複数回自転した後（複数恒星日後）に衛星が元の交点経度に戻る軌道である（付録 R 参照）。

　太陽同期準回帰軌道は、太陽同期性と準回帰性の両方の要件を満たしている軌道である。

V−1 太陽同期軌道

　軌道面と平均太陽方向が常に一定の角度を保つということは、1年で昇交点赤経が360度回転するということである。

　昇交点赤経 Ω の J_2 項による永年摂動は(4.20)のように得られている。以降は円軌道（$e = 0$）で考える。そうすると、(4.20)は

$$\dot{\Omega} = -\frac{3}{2}n\left(\frac{r_e}{a}\right)^2 J_2 \cos i \tag{5.1}$$

となる。太陽同期軌道となるためには $\dot{\Omega}$ が平均太陽の公転角速度に等しくならなければならない。

　平均太陽の公転角速度を n_s とすると、$\dot{\Omega}$ は慣性座標系での表現なので、慣性座標系での1年である 1恒星年（＝365.256363日 : 付録 Q 参照）を採用し

$$n_s = \frac{2\pi}{1\text{恒星年}} = 1.9909866 \times 10^{-7} \text{rad/s} \tag{5.2}$$

だから、(5.1)、(5.2)より次式を満たせばよいことになる。

$$-\frac{3}{2}n\left(\frac{r_e}{a}\right)^2 J_2 \cos i = n_s \tag{5.3}$$

そして $n = \sqrt{\mu/a^3}$ なので(5.3)は次のようになる。

$$-\frac{3}{2} \cdot \frac{1}{a^{7/2}} \sqrt{\mu} \cdot r_e^2 \cdot J_2 \cos i = n_s \tag{5.4}$$

これに $r_e = 6378137 \mathrm{m}$、$J_2 = 1.08264 \times 10^{-3}$、$\mu = 3.9860044 \times 10^{14} \mathrm{m^3 s^{-2}}$、$n_s = 1.9909866 \times 10^{-7} \mathrm{rad/s}$ を代入して整理すると、軌道長半径の単位を m として、太陽同期軌道の条件が次のように得られる。

$$\begin{aligned}
a^{7/2} &= -\frac{3}{2} \sqrt{\mu} \cdot r_e^2 \cdot J_2 \cos i \frac{1}{n_e} \\
&- \frac{3}{2} \sqrt{3.9860044 \times 10^{14}} \cdot 6378137^2 \cdot 1.08264 \times 10^{-3} \\
&\cdot \frac{1}{1.9909866 \times 10^{-7}} \cos i \\
&= -6.62468 \times 10^{24} \cos i
\end{aligned} \tag{5.5}$$

そして、(5.5)を満たす軌道長半径 a が存在するためには、右辺は正でなければならないので、太陽同期軌道の軌道傾斜角 i は 90度以上 となる。このような、軌道傾斜角が90度以上の軌道を"逆行軌道"という。

また、(5.5)より、太陽同期軌道となる最大の軌道長半径は $i = 180\mathrm{deg}$ の場合で、$a = 12352.7\mathrm{km}$ である。

太陽同期軌道の軌道長半径と軌道傾斜角の関係を(5.5)により計算した結果(地球観測衛星で活用されている範囲)を 図 5.1 に示す。

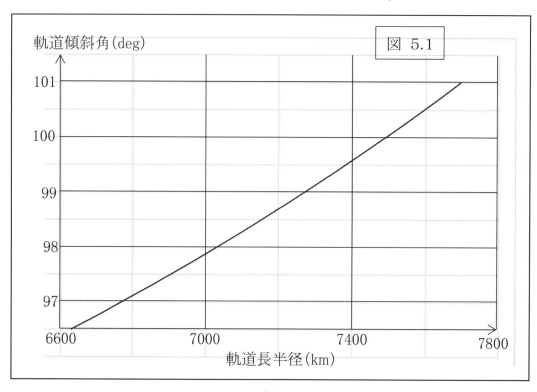

図 5.1

図 5.2 には太陽同期軌道となる軌道長半径の範囲すべてを示す。

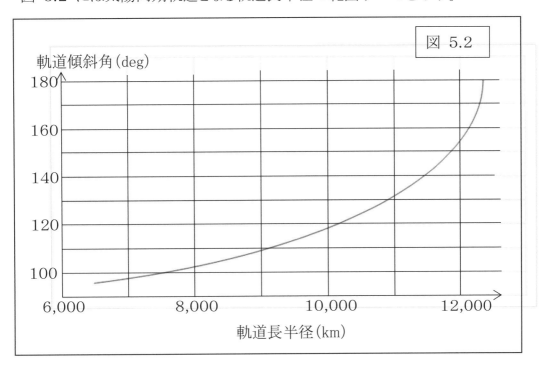

V−2 準回帰軌道

以下も、円軌道 ($e = 0$) に限定して考える。

(2.77) で定義した緯度引数は $e = 0$ では

$$\varphi = \omega + M \tag{5.6}$$

である。そして、衛星の"交点周期"（降交点を通過してから次に降交点を通過するまでの時間）T_N は

$$T_N = \frac{2\pi}{\dot{\varphi}} \tag{5.7}$$

だから、J_2 項による永年摂動を考慮すると (4.21)、(4.22) より次のようになり

$$\dot{\varphi} = \dot{\omega} + \dot{M} = n\left\{1 + \frac{3}{2}\left(\frac{r_e}{a}\right)^2 J_2(3 - 4\sin^2 i)\right\} \tag{5.8}$$

(5.8) と $n = \sqrt{\mu/a^3}$ より、衛星の交点周期は

$$T_N = \frac{2\pi}{\dot{\varphi}} = 2\pi\sqrt{\frac{a^3}{\mu}} \cdot \left\{1 + \frac{3}{2}\left(\frac{r_e}{a}\right)^2 J_2(3 - 4\sin^2 i)\right\}^{-1} \tag{5.9}$$

と表される。

また、地球の自転角速度 ω_e は、ここでも慣性座標系では

$$\omega_e = \frac{2\pi}{1 \text{ 恒星日(付録 Q 参照)}} = 7.29212 \times 10^{-5} \text{rad/s} \tag{5.10}$$

なので、衛星が1周する間に交点経度が西方にずれる大きさ ϕ は

$$\phi = T_N\left(\omega_e - \dot{\Omega}\right) \tag{5.11}$$

である。ここで、$T_N \cdot \omega_e$ は衛星の1交点周期間の地球自転角であり、$T_N \cdot \dot{\Omega}$ は衛星1交点周期間の昇交点赤経の回転である。そして、$\dot{\Omega} \ll \omega_e$ なので、ϕ はほとんど衛星1公転間の地球自転角である。ϕ を"西方移動量"という。

交点経度が何周か後にまた同じ経度に戻る軌道が準回帰軌道だから、Y を"回帰日数"(交点経度が基に戻るまでの複数日)、X を"回帰周回数"(交点経度が元に戻るまでの周回数)とすると

$$\phi X = 2\pi Y \tag{5.12}$$

が準回帰軌道の条件式となる。ここで、X と Y は互いに素である。なお、$Y=1$ の場合は回帰軌道、$Y \geq 2$ の軌道が準回帰軌道である(付録 R 参照)。

(5.11)より、ϕ は T_N、$\dot{\Omega}$ の関数で、これらはさらに a と i の関数だから、準回帰軌道は特定の a と i との組み合わせによって実現される。

衛星が1日に公転する回数(整数ではない)に近い整数を N とすると、ϕ はほとんど衛星の1公転あたりの地球の自転角だから、1日の西方移動量の合計は

$$\phi N \cong 2\pi \tag{5.13}$$

なので、(5.12)、(5.13)より

$$Y = \frac{\phi X}{2\pi} \cong \frac{\phi X}{\phi N} = \frac{X}{N} \tag{5.14}$$

となる。これより、Y日後に最初の交点経度に近い交点経度を通過する。そして、この N を"日周回数"という。

(5.14)の端数を L $(-Y/2 \leq L < Y/2$ ：Y と L は互いに素)とすると

$$X = YN + L \tag{5.15}$$

となり、1周回の交点経度のずれは(5.12)より次のように表される。

$$\phi = 2\pi \frac{Y}{X} = \frac{2\pi Y}{YN + L} = \frac{2\pi}{N + \frac{L}{Y}} \tag{5.16}$$

1回帰間にX個の交点経度を通過するから交点経度の最小単位は(5.16)より

$$\frac{2\pi}{X} = \frac{\phi}{Y} \tag{5.17}$$

である。そして、1日の周回数は $N+L/Y$ だから、(5.16)より

$$\left(N+\frac{L}{Y}\right)\phi = 2\pi \quad \Rightarrow \quad N\phi = 2\pi - \frac{L}{Y}\phi \tag{5.18}$$

だから、N周回後(約1日後)には、0周回より東に最小単位の L 倍ずれたところが交点経度となる。ここで、$L>0$ の場合、N周回後の交点経度は0周回時の交点経度の東側となるので東方移動、$L<0$ の場合を西方移動という。また、回帰軌道($Y=1$)では N周回後に0周回時の交点経度に戻るので $L=0$ となる。

ここで検討した内容を 図 5.3 に Y(回帰日数)$=5$、L(端数)$=2$ の場合の例を示す。これは、$L>0$ なので東方移動の例である。

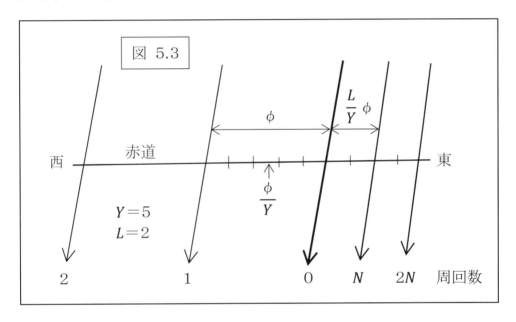

衛星の交点周期 T_N は(5.7)であり、衛星の軌道面に対する相対的な地球の自転周期を T_E とすると、相対的な地球自転角速度は $\omega_e - \dot{\Omega}$ なので

$$T_E = \frac{2\pi}{\omega_e - \dot{\Omega}} \tag{5.19}$$

である。そして、1回帰に要する時間から

$$Y(\text{回帰日数}) \cdot T_E = X(\text{回帰周回数}) \cdot T_N \quad \Rightarrow \quad \frac{X}{Y} = \frac{T_E}{T_N} \tag{5.20}$$

だから、(5.7)、(5.15)、(5.19)、(5.20)より

$$\frac{X}{Y} = N + \frac{L}{Y} = \frac{T_E}{T_N} = \frac{\dot{\varphi}}{\omega_e - \dot{\Omega}} \tag{5.21}$$

となり、次式が成り立つ。

$$\dot{\varphi} = \left(N + \frac{L}{Y}\right)(\omega_e - \dot{\Omega}) \tag{5.22}$$

これを、"準回帰軌道の関係式"という。そして、N、Y、L は任意に決められ、ω_e は定数、$\dot{\varphi}$ と $\dot{\Omega}$ は a と i の関数である。

Ⅴ-3 太陽同期準回帰軌道

太陽同期軌道でしかも準回帰軌道である軌道が太陽同期準回帰軌道である。従って、太陽同期準回帰軌道は(5.5)と(5.22)の両方を満たす軌道である。

これを解くためには、軌道要素のうち $e = 0$ とし、Ω、ω、M は任意に与えられるから、N、Y、L を設定してから a と i を解く。(5.5)で a と i の関係は解っているので、それと1日の周回数である $N + L/Y$ を設定し(5.22)から解く。

(5.1)、(5.8)に(5.5)を代入して a を消去し、それと(5.22)より i をパラメータに、$N + L/Y$ と i の関係計算した結果を 図 5.4 に示す。

地球観測衛星は、地球全体を観測するため、"極軌道"(軌道傾斜角が90度に近い軌道)を採用している。図 5.4 には地球観測衛星として活用されている範囲を示す。

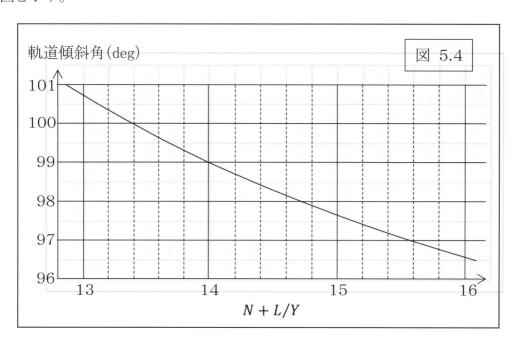

さらに、a と i との関係(5.5)により i を a に換算して $N+L/Y$ と a の関係を求めると 図 5.5 に示すようになる。

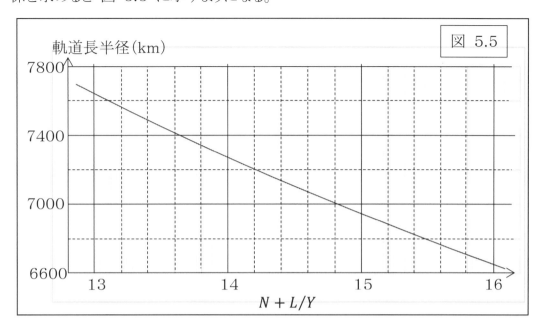

以下に、太陽同期準回帰軌道の例を示す。（a は軌道高度より換算した。）

例1 ： MOS-1（もも1号）の打ち上げ前の計画値（打上げ前の技術資料より）
N（日周回数）$= 14$、Y（回帰日数）$= 17$、X（回帰周回数）$= 237$、
$L = -1 \Rightarrow N + L/Y \cong 13.941$、$a = 7287$km、$i = 99.1$deg

例2 ： ALOS-2 の計画軌道（JAXA の公開ホームページより）
N（日周回数）$= 15$、Y（回帰日数）$= 14$、X（回帰周回数）$= 207$、
$L = -3 \Rightarrow N + L/Y \cong 14.786$、$a = 7006$km、$i = 97.9$deg

V－4 太陽同期準回帰軌道の摂動

太陽同期性及び準回帰性を維持するため摂動により変化した軌道を補正する必要がある。太陽同期準回帰軌道において考慮しなければならない摂動を示す。

短周期摂動をまとめると以下のようになる。（$a = 7300$km、$i = 99°$ の概算値）

	地球重力ポテンシャル					太陽引力	月引力
	J_2	non-zonal	J_2^2	J_3	J_4		
Δa(m)	9000	80	25	25	10	0.4	0.8
$	\Delta e	$	1.6×10^{-3}	\multicolumn{6}{c}{10^{-5} 以下}
Δi(deg)	6×10^{-3}	\multicolumn{6}{c}{10^{-4} 以下}
$\Delta \Omega$(deg)	6×10^{-3}						
$\Delta \varphi$(deg)	5×10^{-2}						

これらは、短周期摂動なので、平均軌道を求める場合に考慮することになる。

J_2 項による極軌道への摂動力の方向と大きさのイメージを 図 3.2 に追記して 図 3.2＋ に示す。

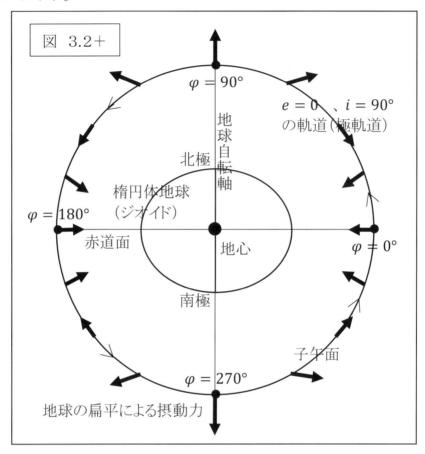

まず、軌道長半径 a への影響を考える。摂動力の軌道の接線方向成分のみが軌道長半径に影響する。

そして、その成分は $90° < \varphi < 180°$ 及び $270° < \varphi < 360°$ では加速方向なので、図 3.12 に示すように、軌道長半径が大きくなり、$0° < \varphi < 90°$ 及び $180° < \varphi < 270°$ では、減速方向なので、軌道長半径は小さくなる。ここで、φ は(2.77)で定義した緯度引数で $\varphi = \omega + f$ である。

J_2 項による軌道長半径の短周期摂動を $e_m = 0$、$\omega_m = 0°$ として近似すると次のように得られている。添え字 m は平均軌道要素である。

$$\Delta a = \frac{3}{2} \cdot \frac{r_e^2}{a_m} J_2 \sin^2 i_m \cdot \cos 2f_m \tag{5.23}$$

$\omega_m = 0°$ なので $\varphi_m = \omega_m + f_m = f_m$ である。後述の(5.31)より、φ の短周期摂動は小さいので短周期摂動の定性的検討では無視することとする。従って、緯度引数 φ は平均軌道と接触軌道では同じであるとした。

(5.23)により、軌道長半径 $a_m = 7300\text{km}$、軌道傾斜角 $i_m = 99°$ の場合について φ をパラメータとして J_2 項による軌道長半径の短周期摂動を計算すると図 5.6 のようになる。

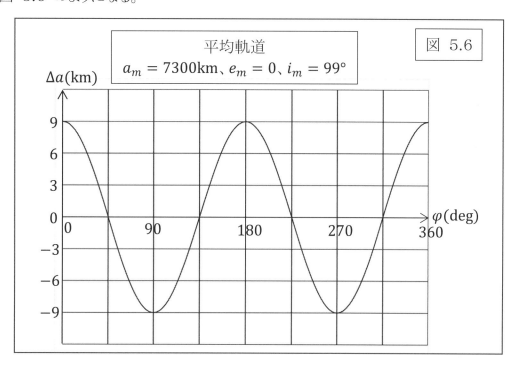

次に(2.76)で定義した接触軌道の離心率ベクトル $\mathbf{e}_p$ の J_2 項による短周期摂動を考える。

離心率ベクトル $\mathbf{e}_p$ は、摂動力の軌道面内成分が影響し、その変化の方向と大きさは 図 3.15 のようになる。図 3.2＋ より、軌道面内の摂動力は、赤道面上 $\varphi = 0°$ 及び $\varphi = 180°$ では地心方向であり、軌道の最北 $\varphi = 90°$ 及び最南 $\varphi = 270°$ では反地心方向である。また、摂動力の方向は図 5.7 に示すように $\varphi = 0°$ から $\varphi = 90°$ の間では左回りに 270° 回転する。そして、$0° < \varphi < 90°$ の間に、摂動力 $\mathbf{P}$ の方向が赤道面に垂直で離心率ベクトルの変化 $\Delta\mathbf{e}$ の方向が赤道面に平行であるところ(図 5.7 の点1)と $\mathbf{P}$ の方向が赤道面に平行で $\Delta\mathbf{e}$ の方向が赤道面に垂直のところ(図 5.7 の点2)がある。緯度引数の他の範囲でも同様である。

軌道長半径(5.23)と同様に $\Delta\mathbf{e}$ を近似すると次のように求められている。

$$\Delta\mathbf{e} \equiv \Delta\begin{pmatrix}e_{px}\\e_{py}\end{pmatrix} = \frac{3}{4}\left(\frac{r_e}{a_m}\right)^2 J_2$$

$$\begin{pmatrix}2(1-2\sin^2 i_m)\cos f_m + 3\sin^2 i_m \cdot \cos f_m \cdot \cos 2f_m - \frac{1}{3}\sin^2 i_m \cdot \cos 3f_m \\ 2\left\{\left(1-\frac{7}{4}\sin^2 i_m\right)\sin f_m + \frac{7}{12}\sin^2 i_m \cdot \sin 3f_m\right\}\end{pmatrix}$$

(5.24)

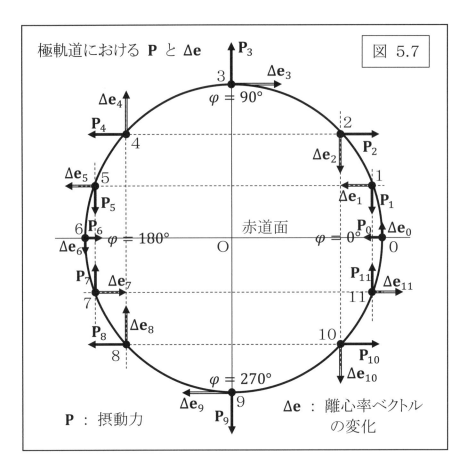

(5.24)での計算結果を 図 5.8 に示す。図中番号は 図 5.7に対応している。

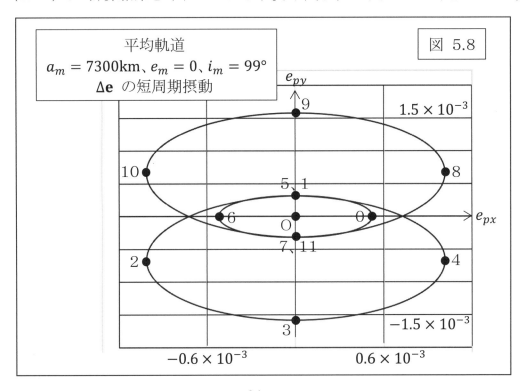

接触軌道の離心率ベクトルは衛星の1公転（φ：0°〜360°）間に3回転するから、接触軌道の ω の平均角速度は衛星の公転角速度の3倍である。そのため、衛星1公転間に接触軌道の真近点離角（$f = \varphi - \omega$）は ω、φ の逆方向に2回転（$2 \times 360°$）する。そして、衛星の1公転間に近地点（$f = 0°$）と遠地点（$f = 180°$）が各2回となる。

離心率ベクトルの J_2 項による短周期摂動による動きを整理する。

点	φ(deg)	ω(deg)	f(deg)	備　考	
0	0	0	0	昇交点、近地点	φ：(5.24)により
1	23	90	293	$d\Delta e_{py}/dt = 0$	計算した
2	58	217	201	$d\Delta e_{px}/dt = 0$	$d\Delta e_{px}/dt = 0$、
3	90	270	180	最北点、遠地点	$d\Delta e_{py}/dt = 0$
4	122	323	159	$d\Delta e_{px}/dt = 0$	となる f_m
5	157	90	67	$d\Delta e_{py}/dt = 0$	$\omega = \tan^{-1}\left(\dfrac{\Delta e_{py}}{\Delta e_{px}}\right)$
6	180	180	0	降交点、近地点	
7	203	270	293	$d\Delta e_{py}/dt = 0$	$f = \varphi - \omega$
8	238	37	201	$d\Delta e_{px}/dt = 0$	点0、6：
9	270	90	180	最南点、遠地点	$d\Delta e_{px}/dt = 0$
10	302	143	159	$d\Delta e_{px}/dt = 0$	点3、9：
11	337	270	67	$d\Delta e_{py}/dt = 0$	$d\Delta e_{px}/dt = 0$
0	0	0	0	昇交点、近地点	

軌道長半径 a と離心率 e の短周期摂動について示したが、ここで、接触軌道の遠地点（添え字 a）と近地点（添え字 p）の動径と地上高度を考える。

図 5.6 より、遠地点（$\varphi = 90°$、270°）の接触軌道長半径は 9km 平均軌道より小さく、近地点（$\varphi = 0°$、180°）では 9km 大きい。遠地点と近地点の動径（r）と地上高度（h）を計算すると次のようになる。添え字の数字は 図5.7、 図 5.8 の各点の番号に対応している。ここでは、$a_m = 7300$km とし、極半径は赤道半径より21km小さく、遠地点の直下点は両極から少し離れているので、その直下点の地心からの距離は赤道半径より20km小さいとして概算している。

$$r_{3a} = a_a(1 + e) \cong (7300\text{km} - 9\text{km}) \times (1 + 1.6 \times 10^{-3})$$
$$= 7303\text{km} \qquad (5.25)$$

$$h_{3a} \cong 7303\text{km} - (6378\text{km} - 20\text{km}) = 945\text{km} \qquad (5.26)$$

$$r_{0p} = a_p(1 - e) \cong (7300\text{km} + 9\text{km}) \times (1 - 0.4 \times 10^{-3})$$
$$= 7306\text{km} \qquad (5.27)$$

$$h_{0p} \cong 7306\text{km} - 6378\text{km} = 928\text{km} \qquad (5.28)$$

このように、接触軌道の近地点が遠地点より動径が大きいことがわかる。接触軌道要素は、特定時のカルテシアン軌道要素（衛星の位置ベクトルと速度ベクトル）

から、衛星が2体問題で運動しているとしてケプラリアン軌道要素に変換したものなので、このような現象が起きている。

実軌道（実際の衛星が動く位置）は、中心が地心、赤道面に長径、南北方向に短径のほぼ楕円で、その長半径は r_{0p} 短半径は r_{3a} である。

実軌道、平均軌道、$\varphi = 0°$ における接触軌道、及び $\varphi = 90°$ にける接触軌道は 図 5.9 のようになる。添え字の m は平均軌道、a、p はそれぞれ遠地点と近地点、0、3 は 図 5.7、図 5.8 の点の番号である。また平均軌道は実軌道に含まれ、実軌道は常に平均軌道より高いところを飛行する。

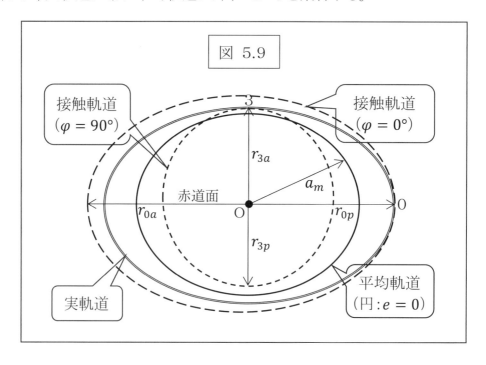

接触軌道の点0、点3における近地点半径、遠地点半径は次のようになる。

平均軌道		$a_m = 7300$km 、 $e_m = 0$ （円軌道）
接触軌道	$\omega = 0°$ $\varphi = 0°$ $f = 0°$ （点O）	$a_0 = a_m + 9$km $= 7309$km、$e_0 = 0.0004$ $r_{0p} = a_0(1 - e_0)$ $\quad = 7309\text{km} \times (1 - .0004) = 7306$km $r_{0a} = a_0(1 + e_0)$ $\quad = 7309\text{km} \times (1 + .0004) = 7312$km
	$\omega = 270°$ $\varphi = 90°$ $f = 180°$ （点3）	$a_3 = a_m - 9$km $= 7291$km、$e_3 = 0.0016$ $r_{3p} = a_3(1 - e_3)$ $\quad = 7291\text{km} \times (1 - .0016) = 7279$km $r_{3a} = a_3(1 - e_3)$ $\quad = 7291\text{km} \times (1 + .0016) = 7303$km
実軌道		Oが中心のほぼ楕円 、長半径:r_{0p} 、短半径:r_{3a}

ここで、軌道傾斜角及び昇交点赤経の J_2 項による短周期摂動についても、軌道長半径、離心率と同様に $e = 0$、$\omega = 0°$ として近似した関係式を示す。

$$\Delta i = \frac{3}{8}\left(\frac{r_e}{a_m}\right)^2 J_2 \sin 2i_m \cdot \cos 2f_m \tag{5.29}$$

$$\Delta \Omega = \frac{3}{4}\left(\frac{r_e}{a_m}\right)^2 J_2 \cos i_m \cdot \sin 2f_m \tag{5.30}$$

$$\Delta \varphi = -\frac{3}{4}\left(\frac{r_e}{a_m}\right)^2 J_2 \left(1 - \frac{5}{2}\sin^2 i_m\right)\sin 2f_m \tag{5.31}$$

次に、軌道の保持に考慮しなければならない長周期及び永年摂動を示す。

長周期と永年摂動を以下にまとめる。($a = 7300\text{km}$、$i = 99\text{deg}$ での概算値)

軌道要素	摂動源	摂動の大きさ
a	大気抵抗	数m/day以下（※1）
e	J_2、J_3	中心：$e_{px} = 0$、$e_{py} = 0.001$、周期131日
i	主に太陽引力	$\lvert di/dt \rvert \text{max} \cong 0.048\text{deg/year}$（※2）
Ω	J_2	360deg/year（太陽同期）

※1 ： この数値は高度約920kmでの値である。大気密度は高度が下がると
指数関数的に増大し摂動の大きさもそれに比例する。

※2 ： 降交点通過地方太陽時が 9時 の場合（絶対値での最大値）
（$a = 7000\text{km}$、$i = 97.9\text{deg}$ ： $\lvert di/dt \rvert\text{max} \cong 0.045\text{deg/year}$）

軌道長半径の大気抵抗による摂動は次のように表される。

$$\frac{da}{dt} \cong -C_d \frac{A}{W}\rho v_0 a \tag{5.32}$$

ここで、C_d は大気抵抗係数（$\cong 2.5$）、A は衛星の有効断面積、W は衛星質量、ρ は大気密度（高度900kmで $0.2\sim3\times10^{-11}\text{g/m}^3$、高度650kmで $0.4\sim40\times10^{-11}\text{g/m}^3$程度）である。

地球重力ポテンシャルの J_2 項により、離心率ベクトルが円運動する。回転中心は、地球重力ポテンシャルの J_3 項は地球が洋ナシ型を表現しており、子午面が南北半球で対称でないため、回転の中心が北極方向にずれる。

そして、その中心は次のように表される。そこに投入すると離心率ベクトルは長周期摂動により変化しないので、平均軌道の離心率と近地点引数が一定であり"凍結軌道"と呼ばれている。

$$\begin{pmatrix} e_{px} \\ e_{py} \end{pmatrix} \cong \begin{pmatrix} 0 \\ -\dfrac{1}{2}\dfrac{J_3}{J_2}\dfrac{r_e}{a}\sin i \end{pmatrix} \tag{5.33}$$

(5.33)に、$J_3 = -2.54 \times 10^{-6}$ を代入して計算すると、回転中心は $e_{px} = 0$、$e_{py} \cong 0.001$ である。

また、離心率ベクトルは回転中心からずれていると、この中心回りを時計回りに回転する。J_2項によるその回転周期 T_e は次のように求められており、この周期は、軌道長半径7300km、軌道傾斜角99度では131日である。

$$T_e \cong \frac{2\pi}{\left|3n\left(\frac{r_e}{a}\right)^2 J_2 \left(1 - \frac{5}{4}\sin^2 i\right)\right|} \qquad (5.34)$$

月と太陽の引力（潮汐力）により、軌道傾斜角 i が影響を受ける。月は地球回りを周期1か月で公転しており、月の引力では1か月周期の長周期摂動が生じる。

平均太陽と軌道面との相対関係は維持されるので、太陽引力により永年摂動が生じ、その大きさは次のように求められている。

$$\frac{di}{dt} \cong \frac{3}{8}\frac{n_e^2}{n}\sin i\,(1 + \cos^2 i_s)\sin 2(\Omega - \alpha_s) \qquad (5.35)$$

(5.35)は、1年間を平均したものである。ここで、n_e は地球の平均公転角速度（$\cong 0.9856\mathrm{deg/day}$）、$i_s$ は黄道傾斜角（$\cong 23.44\mathrm{deg}$）、α_s は平均太陽の赤経である。従って、$\Omega - \alpha_s$ は昇交点通過時の地方太陽時に対応している。

$\Omega - \alpha_s$ により i の変化方向が変わる。図 5.10 に示すように $\Omega - \alpha_s = 45°$ では、昇交点では太陽から衛星までの距離は太陽から地心までの距離より小さい

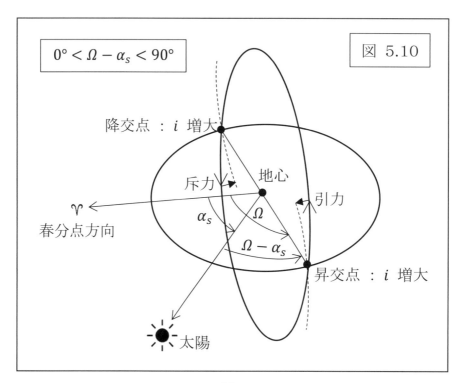

ので衛星に太陽方向への引力が働くことから軌道傾斜角 i が大きくなり、降交点では太陽から衛星までの距離は太陽から地心までの距離より大きく衛星に斥力が働き、この場合でも軌道傾斜角 i が大きくなる。従って、$\Omega - \alpha_s = 45°$ では di/dt は正となる。

$180° < \Omega - \alpha_s < 270°$ においても 図 5.10 と同様に、太陽引力による摂動力の方向は昇交点で引力となり、降交点では斥力となるので軌道傾斜角が増大する。

それに対し、$90° < \Omega - \alpha_s < 180°$、$270° < \Omega - \alpha_s < 360°$ では昇交点で斥力、降交点では引力となるので軌道傾斜角は減少する。

以下に、$\Omega - \alpha_s$、降交点通過時の地方太陽時及び di/dt の正負を整理する。

$\Omega - \alpha_s$	0度	90度	180度	270度	360度
降交点通過時の地方太陽時	0時	6時	12時	18時	0時
di/dt		正	負	正	負

長周期摂動の影響を受けないよう、平均軌道の離心率ベクトルが $e_{px} = 0$、$e_{py} = 0.001$ の凍結軌道に投入した場合、接触軌道の離心率ベクトルの変化の中心は 図 5.8 の原点から e_{py} 方向に 0.001 ずれ 図 5.11 のようになる。

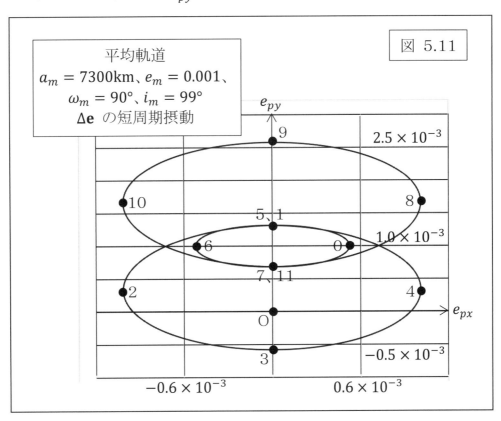

99

凍結軌道に投入された場合の各点での動径(r)と地上高度(h)を計算すると次のようになる。ここでも、(5.25)〜(5.28)と同じように概算した。また、添え字は図5.7 の各点の番号に、さらに、接触軌道では 図 5.8 の各点の番号にも対応している。

凍結軌道($a_m = 7300$km、$e_m = 0.001$、$\omega_m = 90°$)に投入した場合		
接触軌道	点3 遠地点	$\varphi = 90°$、$\omega = 270°$、$f = 180°$ $e = 0.0016 - 0.001 = 0.0006$ $r_3 \cong (7300\text{km} - 9\text{km}) \times (1 + 0.0006) = 7295\text{km}$ $h_3 \cong 7295\text{km} - (6378\text{km} - 20\text{km}) = 937\text{km}$
	点9 遠地点	$\varphi = 270°$、$\omega = 90°$、$f = 180°$ $e = 0.0016 + 0.001 = 0.0026$ $r_9 \cong (7300\text{km} - 9\text{km}) \times (1 + 0.0026) = 7310\text{km}$ $h_9 \cong 7310\text{km} - (6378\text{km} - 20\text{km}) = 952\text{km}$
	点0、6 近地点 (赤道面)	$\varphi = 0°$、$180°$、$\omega \cong 68°$、$-112°$、$e \cong 0.0011$ （※1） $f = \varphi - \omega \cong E \cong -68°$、$112°$ （※2） $a_0 = 7300\text{km} + 9\text{km} = 7309\text{km}$ $r_0 = r_6 = a(1 - e\cos E) \cong 7306\text{km}$ （※3） $h_0 = h_6 \cong 7306\text{km} - 6378 = 928\text{km}$
平均軌道 $e_m = 0.001$ $\omega_m = 90°$	点3 近地点	$\varphi = 90°$、$f = 0°$ $r_3 \cong 7300\text{km} \times (1 - 0.001) = 7293\text{km}$ $h_3 \cong 7293\text{km} - (6378\text{km} - 20\text{km}) = 935\text{km}$
	点9 遠地点	$\varphi = 270°$、$f = 180°$ $r_9 \cong 7300\text{km} \times (1 + 0.001) = 7307\text{km}$ $h_9 \cong 7307\text{km} - (6378\text{km} - 20\text{km}) = 949\text{km}$
	点0、6 中間点	$\varphi = 0°$、$180°$、$f = 270°$、$90°$ $r = a(1 - e\cos E)$ より $E \cong f$ として概算 $r_0 = r_6 \cong 7300\text{km}$ $h_0 = h_6 \cong 7300\text{km} - 6378 = 922\text{km}$

※1 ： (5.24)、図 5.11 より 点0では $e_{px} \cong 0.0004$、$e_{py} \cong 0.001$
$\Rightarrow e_0 \cong \sqrt{0.0004^2 + 0.001^2} = 0.0011$、
$\omega \cong \tan^{-1}(0.0011/0.0004) \cong 68°$

※2 ： (2.7)より $e \ll 1 \Rightarrow E \cong f$　※3 ： (2.2) $r = a(1 - e\cos E)$

軌道の通常規定では、軌道長半径ではなく、軌道高度で表され、軌道長半径からの換算には赤道半径が用いられている。

極軌道の実際の高度は回転楕円体地球から見ることになるので、高緯度での地表からの高度はさらに約20km大きい。

接触軌道(実軌道)は南北非対称となり、図 5.12 に示すように、それぞれの軌道は 図 5.9 より南方に約7km($a_m \times e_m$)ずれる。

100

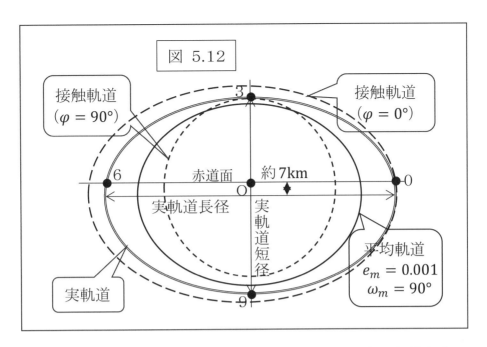

ここで試算した凍結軌道に投入された軌道の場合、実軌道の赤道高度は 928km、北極近くでは 937km、南極近くでは 952km である。図 5.9 のように、平均軌道の離心率が"0"の軌道に投入された場合には、赤道高度は 928km と変わらないが、両極近くでは 945km 程度である。

Ⅴ－5 太陽同期準回帰軌道の保持

太陽同期準回帰軌道の保持は、大別すると太陽同期性の維持と準回帰性の維持である。それぞれについて考える。

まず、準回帰性の維持について考える。準回帰性の維持は、交点経度を所定の範囲に留めておくことを意味する。これは、大気抵抗により軌道長半径が小さくなる（平均運動が大きくなる）ことにより地上軌跡がノミナルの位置からずれるので、それを補正することになる。

交点経度のノミナル値 $\lambda_i (i=1 \sim MN+L)$ からの許容範囲を $\pm\Delta\lambda_m$ とする。西方移動量 $\phi \left(= T_N(\omega_e - \dot{\Omega})\right)$ は (5.11)、(5.9) で与えられている。ここで、(5.9) 右辺の { } の第2項に a と i があるがこの項の寄与は微小なので ϕ への影響はないとして (5.9) を a で微分すると次のようになる。

$$dT_N \cong 2\pi \left\{1 + \frac{3}{2}\left(\frac{r_e}{a}\right)^2 J_2 (3-4\sin^2 i)\right\}^{-1} \frac{3}{2}\sqrt{\frac{a}{\mu}} da$$

$$= 2\pi \left\{1 + \frac{3}{2}\left(\frac{r_e}{a}\right)^2 J_2 (3-4\sin^2 i)\right\}^{-1} \frac{3}{2}\sqrt{\frac{a^3}{\mu}} \frac{da}{a} = \frac{3}{2} T_N \frac{da}{a} \quad (5.36)$$

さらに、(5.11)の微分に(5.36)、(5.11)を代入すると次のようになる。

$$d\phi = dT_N(\omega_e - \dot{\Omega}) = \frac{3}{2}T_N\frac{da}{a}(\omega_e - \dot{\Omega}) \cong \frac{3}{2}\phi\frac{da}{a} \tag{5.37}$$

交点経度のドリフトレートを $\dot{\lambda}$ とすると、その単位時間での変化量 $\Delta\dot{\lambda}$ は次のようになる。

$$\Delta\dot{\lambda} = -\frac{\Delta\phi}{T_N} \qquad \text{(東向きを正とする)} \tag{5.38}$$

大気抵抗による a の変化率 $\dot{a}$ が一定、$da = 0$ のときを $t = 0$ とすると

$$da = \dot{a}dt \tag{5.39}$$

だから、(5.11)、(5.37)、(5.38)、(5.39)より次の関係が得られる。

$$\Delta\dot{\lambda} \cong -\frac{3}{2}\frac{\dot{a}}{a}\frac{\phi}{T_N}t = -\frac{3}{2}\frac{\dot{a}}{a}(\omega_e - \dot{\Omega})t \tag{5.40}$$

これを t で積分すると次のようになる。

$$\Delta\lambda \cong -\frac{3}{4}\frac{\dot{a}}{a}(\omega_e - \dot{\Omega})t^2 + \Delta\lambda_0 \tag{5.41}$$

($\Delta\lambda_0$ は $t = 0$ での $\Delta\lambda$)

これは、放物線を表しているので、$\Delta\lambda$ を $\pm\Delta\lambda_m$ の範囲に留めておくためには、静止軌道の東西方向維持と同様に図 5.13 のようなサイクルを作ればよい。

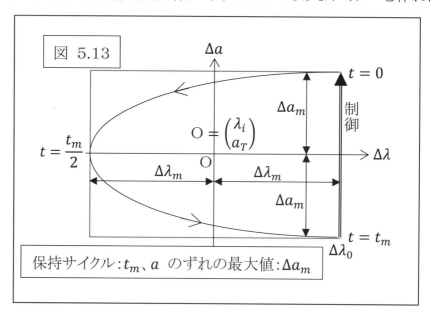

ここで、t_m は保持サイクル、Δa_m は a のずれの最大値である。

Δa が 0 から Δa_m になるまでの時間は $t_m/2$ だから

$$t_m \cong \frac{2\Delta a_m}{|\dot{a}|} \tag{5.42}$$

であり、(5.41)より、ノミナルの a を a_T とし、$t=0$ での $\Delta\lambda$ である $\Delta\lambda_m$ と $t = t_m/2$ での $\Delta\lambda$ である $-\Delta\lambda_m$ 及び(5.42)より

$$2\Delta a_m \cong \frac{3}{4}\frac{|\dot{a}|}{a_T}(\omega_e - \dot{\Omega})\left(\frac{\Delta a_m}{|\dot{a}|}\right)^2 = \frac{3\Delta a_m^2}{4a_T|\dot{a}|}(\omega_e - \dot{\Omega}) \tag{5.43}$$

となるから、次式が得られる。

$$\Delta a_m \cong \sqrt{\frac{8a_T|\dot{a}|\Delta\lambda_m}{3(\omega_e - \dot{\Omega})}} \tag{5.44}$$

また、制御量 Δv は(3.38)より次のように求まる。

$$\Delta v \cong \frac{2\Delta a_m}{2a_T}v_0 = \frac{\Delta a_m}{a_T}\sqrt{\frac{\mu}{a_T}} = \Delta a_m\sqrt{\frac{\mu}{a_T^3}} = \Delta a_m \cdot n \tag{5.45}$$

例1として $a_T = 7300\text{km}$、$\dot{a} = 1\text{m/day}$、$\Delta\lambda_m = 0.025°$ とすると

$$\left.\begin{array}{l} \Delta a_m \cong \sqrt{\dfrac{8 \times 7300 \times 10^3 \times 1.0 \times 0.025}{3 \times 360}} = 37\text{m} \\[3mm] t_m \cong \dfrac{2 \times 37}{1} = 74\text{day} \\[3mm] \Delta v \cong 37\sqrt{\dfrac{3.986 \times 10^{14}}{(7300 \times 10^3)^3}} = 0.038\text{m/s} \end{array}\right\} \tag{5.45}$$

である。これは比較的 $\dot{a}$ が小さい場合である。そして $\dot{a}$ の大きい場合を例2とし $a_T = 7000\text{km}$、$\dot{a} = 50\text{m/day}$、$\Delta\lambda_m = 0.025°$ では次のようになる。

$$\left.\begin{array}{l} \Delta a_m \cong \sqrt{\dfrac{8 \times 7000 \times 10^3 \times 50 \times 0.025}{3 \times 360}} = 255\text{m} \\[3mm] t_m \cong \dfrac{2 \times 255}{50} = 10.2\text{day} \\[3mm] \Delta v \cong 255\sqrt{\dfrac{3.986 \times 10^{14}}{(7000 \times 10^3)^3}} = 0.27\text{m/s} \end{array}\right\} \tag{5.46}$$

ここでは、$\dot{a}$ が一定であるとしたが、これは過去の履歴と将来の予測から決めることになる。そして $\dot{a}$ の不確定性を考慮して制御計画を立案する必要がある。

制御で変化する離心率の大きさは(3.43)、(3.44)より $\Delta e \cong \Delta a / a_T$ だから例1の場合に年間に変化する合計は

$$\Delta e \cong \frac{1\text{m/day} \times 365\text{day}}{7300 \times 10^3 \text{m}} = 0.05 \times 10^{-3} \tag{5.47}$$

例2では次のように計算できる。

$$\Delta e \cong \frac{30\text{m/day} \times 365\text{day}}{7000 \times 10^3 \text{m}} = 1.56 \times 10^{-3} \tag{5.48}$$

離心率ベクトルの短周期摂動の大きさは 1.6×10^{-3} 程度である。例1では10年間の合計でもその1/3程度なので、離心率の制御による変化は考慮する必要はないであろう。

例2では、1年間に短周期摂動と同じ程度の変化があるので、制御時の離心率ベクトルを考慮し、制御時期(軌道上のどの位置で制御するか)を適切に選択すれば良いであろう。具体的には、最初に凍結軌道($e_{px} = 0$、$e_{py} \cong 0.001$)に投入し、毎回の制御で平均軌道の離心率ベクトルが凍結軌道に近づくようにするということである。

その他、軌道高度の変動を少しでも小さく抑えるために、離心率をゼロに近いところで維持することも考えられるが、短周期摂動の大きさ、地球の楕円性を考えると意味があるとは思えない。

次に、太陽同期性の維持について考える。ここでは、太陽引力による軌道傾斜角 i の永年摂動に着目することとする。これは、太陽同期性の条件には(5.3)で示したように a、i が関係するが、前述のように、a は a_T 付近に維持されていることを前提としたためである。

太陽同期性の維持とは地方太陽時を維持することである。ノミナルの i を i_T とし i_T からのずれを Δi とする。まず、(5.1)を i で微分する。

$$d\dot{\Omega} = \frac{3}{2} n \left(\frac{r_e}{a}\right) J_2 \sin i_T \cdot di \tag{5.49}$$

となり、Δi による $\dot{\Omega}$ のずれ $\Delta \dot{\Omega}$ は次のようになる。

$$\Delta \dot{\Omega} \cong \frac{3}{2} n \left(\frac{r_e}{a}\right) J_2 \sin i_T \cdot \Delta i \tag{5.50}$$

交点の地方太陽時を T_l とすると、その変化率 $\dot{T}_l$ を $\Delta \dot{\Omega}$ から変換($\dot{T}_l$ の単位は時間、$\Delta \dot{\Omega}$ の単位は角度:$24\text{hour} = 2\pi$)すると、ノミナルの a は a_T だから

$$\dot{T}_l = \frac{24\text{hour}}{2\pi} \Delta \dot{\Omega} \cong \frac{72\text{hour}}{4\pi} n \left(\frac{r_e}{a_T}\right)^2 J_2 \sin i_T \cdot \Delta i \tag{5.51}$$

となる。また、$\dot{T}_l$ の変化率 $\ddot{T}_l$ は、衛星の公転周期を $P(=2\pi/n)$ とすると

$$\ddot{T}_l \cong \frac{72\text{hour}}{4\pi} n \left(\frac{r_e}{a_T}\right)^2 J_2 \sin i_T \frac{di}{dt} = \frac{72\text{hour}}{2P} \left(\frac{r_e}{a_T}\right)^2 J_2 \sin i_T \frac{di}{dt} \quad (5.52)$$

である。そして、T_l の初期値を T_{l0} とすると T_l の時間変化は次のようになる。

$$T_l \cong T_{l0} + \dot{T}_l \cdot t + \frac{1}{2}\ddot{T}_l \cdot t^2 \tag{5.53}$$

(5.53) は、di/dt が一定だとすると放物線を表している。T_l のノミナル値を T_{lT}、原点を $t=0$、$T_l = T_{lT} + \Delta T_l$ とし、$di/dt < 0$ の場合のグラフは 図 5.14 のようになる。図 5.14 の上の図の縦軸 T_l は $\Omega - \alpha_s$ に相当している。

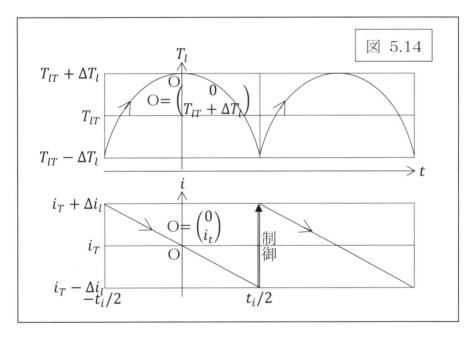

この図には i の変化も示している。これより ΔT_l と t の関係は

$$\Delta T_l = \frac{1}{2}|\ddot{T}_l|t^2 \tag{5.54}$$

だから、(5.53) より T_l が $T_{lT} + \Delta T_l$ から $T_{lT} - \Delta T_l$ まで変化する時間を t_i とすると

$$2\Delta T_l \cong \frac{1}{2}|\ddot{T}_l|\left(\frac{t_i}{2}\right)^2 = \frac{1}{8}|\ddot{T}_l| \cdot t_i^2 \tag{5.55}$$

となり、(5.55) より

$$t_i \cong 4\sqrt{\frac{\Delta T_l}{|\ddot{T}_l|}} \tag{5.56}$$

図 5.14 より

$$\Delta i_l \cong \frac{di}{dt} \cdot \frac{t_i}{2} = 2\sqrt{\frac{\Delta T_l}{|\ddot{T}_l|}\frac{di}{dt}} \tag{5.57}$$

である。この制御は Ω が変化しない時刻に実施するので、(3.64)より制御位置は $\varphi = 0°$（昇交点）あるいは $\varphi = 180°$（降交点）となる。そして、(3.63)より

$$\Delta v \cong 2\Delta i_l \cdot v_0 = 4\sqrt{\frac{\Delta T_l}{|\ddot{T}_l|}\frac{di}{dt}}\sqrt{\frac{\mu}{a_T}} \tag{5.58}$$

である。

　例1として：$a_T = 7300\text{km}$、$i_T = 99°$、$T_{lT} = 9$ 時（di/dt 最大）、$\Delta T_l = 15\text{min}$ の場合の計算結果を示す。計算方法等を 付録 S に示す。

$$\frac{di}{dt} \cong -0.048\ (\text{deg/yaer}) \qquad \ddot{T}_l \cong -5.7 \times 10^{-5}\ (\text{deg/day}^2)$$
$$t_i \cong 2058\text{day} = 5.6\ (\text{yaer}) \quad \Delta i_l \cong 0.14\ (\text{deg}) \quad \Delta v \cong 35\ (\text{m/s}) \tag{5.59}$$

　例2 ：$a_T = 7000\text{km}$、$i_T = 97.9°$、$T_{lT} = 9$ 時、$\Delta T_l = 15\text{min}$ の場合。

$$\frac{di}{dt} \cong -0.045\ (\text{deg/yaer}) \qquad \ddot{T}_l \cong -6.2 \times 10^{-5}\ (\text{deg/day}^2)$$
$$t_i \cong 1968\text{day} = 5.4\ (\text{yaer}) \quad \Delta i_l \cong 0.12\ (\text{deg}) \quad \Delta v \cong 32\ (\text{m/s}) \tag{5.60}$$

　交点通過時刻の許容範囲 ΔT_l が15分では、適切な軌道傾斜角に投入されれば、降交点通過時の軌道傾斜角の摂動が最大である地方太陽時が9時の場合でも、5年程度は軌道面保持制御の必要はない。また、地方太陽時が12時では、軌道面の永年摂動はないので、軌道面保持制御は必要ない。

　ここでは、太陽同期性と準回帰性の維持方法について、影響が最大の摂動についてのみ着目した。その他の長周期摂動や軌道制御の誤差、軌道推定誤差、軌道制御に使用するスラスターの特性等も必要に応じ考慮する必要がある。

　日本の地球観測衛星である ALOS を例に、その軌道保持制御について試算した結果を 付録 T に示す。

VI 円制限3体問題の特殊解

Ⅳ章とⅤ章で静止軌道と太陽同期準回帰軌道を考えた。ここでは、軌道力学的に興味のある"円制限3体問題の特殊解"について考える。

円制限3体問題は、第1天体(M_1)と第2天体(M_2)が互いに円運動をしているとき、質量が無視できる第3天体(m)が加わり、これら以外に物体が存在しない場合であり、その特殊解はM_1、M_2と同期して円運動するmの位置である。

これらは合計5つの点からなる。そのうち、3つは直線解と呼ばれ、M_1とM_2を結ぶ直線上にある。直線解は、オイラー（1707〜1783）が1760年頃に解析的に解き、他の2つを含むすべての点を1772年にラグランジュ（1736〜1813）が解析的に解いたことから"ラグランジュ点"と呼ばれている。

Ⅰ-5 で2体問題について考えた。3体問題は、それにもう1つの天体が加わった場合の問題であり、2体問題のように完全に解くことはできない。Ⅲ-3 で月・太陽による摂動（潮汐力）について考えた。ここでは、月や太陽は動かないとして解いている。

M_1を原点とする動座標系では、mにはM_1方向へのM_1による万有引力とM_2による潮汐力が働いている。特殊解を満たすmは他の2つの天体と同期して公転しているから、3つの天体の相対位置関係は変わらない。従って、M_1による万有引力とM_2による潮汐力のmの運動に対する影響は常に一定で変わらない。ここでは、このことを念頭にラグランジュ点の位置を解く。

VI-1 ラグランジュ点を解く

まず、円制限3体問題の特殊解のmの位置とM_2の軌道面との関係を考える。M_1、M_2、mの相対位置関係は常に同じだから、M_1を原点とする動座標系ではmはM_1を中心としてM_2と同期して円運動する。そのため、M_1、M_2、mの作る三角形はその大きさと形を変えずにM_2と同期してM_1の回りを公転するので、mの軌道面はM_2の軌道面と平行である。そうすると、mがM_2の軌道面から離れている場合、mの軌道の中心はM_2の軌道面に垂直でM_2の軌道面法線方向にM_1から離れた位置となる。mはM_1を中心とした円運動するので、このような軌道は存在しえないことから、特殊解のmの位置はM_2の軌道面内に存在する。

従って、以下ではM_1を原点したM_2の軌道面内で考える。

M_1を原点とする動座標系では、mがM_2と同期してM_1の回りを公転しており、この特殊解は、M_2とmの公転周期が同じなので

① M_2とmの公転角速度が同じであること

また、円運動をしているので

107

② M₁による万有引力とM₂による潮汐力のそれぞれが働き
　　mに生ずる加速度の和が原点（M₁）の方向を向いていること

この両方を満たす位置である。

　まず、②について考える。図 6.1 に3つの天体により各々に生ずる万有引力による加速度を、M₁とM₂の質量中心を原点とする座標系で示す。

　ここで、**α₁₂** はM₁に生ずるM₂による加速度、**α₂₁** はM₂に生ずるM₁による加速度、**α**$_{m1}$ はmに生ずるM₁による加速度、**α**$_{m2}$ はmに生ずるM₂による加速度である。なお、mの質量は無視している。

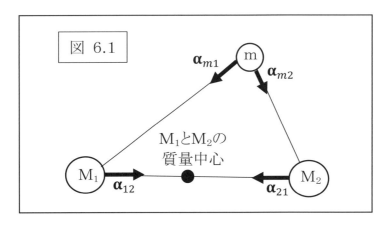

　図 6.1 の関係を、原点をM₁に移動すると 図 6.2 のようになる。この図で、**α**$_m$ はこの座標系でmに生ずる加速度、**α**$_2$ はM₂に生ずる加速度、r_{12} はM₁からM₂までの距離、r_{1m} はM₁からmまでの距離、r_{2m} はM₂からmまでの距離である。

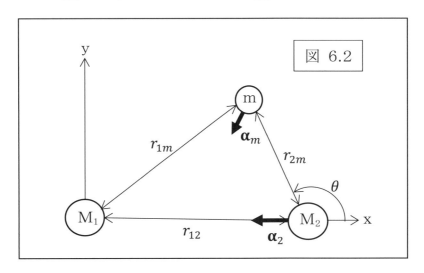

　図 6.2 で、x軸はM₁からM₂の方向にとり、y軸はx軸に垂直でx軸から反時計回りに90度進んだ方向、θ はx軸と r_{2m} のなす角である。このx-y座標系は、M₁を原点としたM₂の動きと同期した回転座標系である。

そして、図 6.1 の加速度ベクトルと図 6.2 の加速度ベクトルの関係は

$$\boldsymbol{\alpha}_m = \boldsymbol{\alpha}_{m1} + \boldsymbol{\alpha}_{m2} - \boldsymbol{\alpha}_{12} \tag{6.1}$$

$$\boldsymbol{\alpha}_2 = \boldsymbol{\alpha}_{21} - \boldsymbol{\alpha}_{12} \tag{6.2}$$

である。(6.1)の $\boldsymbol{\alpha}_{m2} - \boldsymbol{\alpha}_{12}$ はmに生ずるM$_2$の潮汐力による加速度である。

また、この座標系でmの位置ベクトルを $\mathbf{r}_{1m}$、M$_1$の質量を M_1、M$_2$の質量を M_2 とすると、位置ベクトル及び加速度ベクトルは(1.3)より次のようになる。ここで、距離は r_{12} を基準($r_{12} = 1$)とし、r_{1m}、r_{2m} は r_{12} との比としている。

$$\mathbf{r}_{1m} = \begin{pmatrix} 1 + r_{2m}\cos\theta \\ r_{2m}\sin\theta \end{pmatrix} \tag{6.3}$$

$$\boldsymbol{\alpha}_{12} = \begin{pmatrix} GM_2 \\ 0 \end{pmatrix} \tag{6.4}$$

$$\boldsymbol{\alpha}_{21} = \begin{pmatrix} -GM_1 \\ 0 \end{pmatrix} \tag{6.5}$$

$$\boldsymbol{\alpha}_{m2} = \frac{1}{r_{2m}^2}\begin{pmatrix} -GM_2\cos\theta \\ -GM_2\sin\theta \end{pmatrix} \tag{6.6}$$

$$\boldsymbol{\alpha}_2 = \begin{pmatrix} -(GM_1 + GM_2) \\ 0 \end{pmatrix} \tag{6.7}$$

図 6.1 より、M$_1$による加速度 $\boldsymbol{\alpha}_{m1}$ はM$_1$方向なので、$\boldsymbol{\alpha}_m$ がM$_1$の方向を向くには、(6.1)より、M$_2$の潮汐力による加速度

$$\boldsymbol{\alpha}_{m2} - \boldsymbol{\alpha}_{12} = \begin{pmatrix} -\dfrac{1}{r_{2m}^2}GM_2\cos\theta - GM_2 \\ -\dfrac{1}{r_{2m}^2}GM_2\sin\theta \end{pmatrix} = -\frac{GM_2}{r_{2m}^2}\begin{pmatrix} \cos\theta + r_{2m}^2 \\ \sin\theta \end{pmatrix} \tag{6.8}$$

がM$_1$の方向を向くことである。

(6.8)がM$_1$の方向を向くためには、(6.3)と(6.8)の成分比が等しくならなければならない。それは次の関係を満たすことである。

$$\frac{\sin\theta}{\cos\theta + r_{2m}^2} = \frac{r_{2m}\sin\theta}{1 + r_{2m}\cos\theta}$$

これより

$$\sin\theta = 0\ (\theta = 0°、\theta = 180°) \tag{6.9}$$

あるいは

$$r_{2m}\sin\theta\,(\cos\theta + r_{2m}^2) = \sin\theta\,(1 + r_{2m}\cos\theta)$$
$$r_{2m}^3\sin\theta = \sin\theta \qquad \Rightarrow \qquad r_{2m} = 1 \tag{6.10}$$

であることが $\boldsymbol{\alpha}_m$ がM₁の方向を向く条件である。

次に①について考える。

円軌道の公転角速度 ω は(1.12)より

$$\omega = \sqrt{\frac{\alpha}{r}} \tag{6.11}$$

だから、M₂とmの公転角速度が等しいためには、r_{12} を"1"としているので

$$\frac{|\boldsymbol{\alpha}_m|}{r_{1m}} = \frac{|\boldsymbol{\alpha}_2|}{r_{12}} \qquad \Rightarrow \qquad |\boldsymbol{\alpha}_2| = \frac{|\boldsymbol{\alpha}_m|}{r_{1m}} \tag{6.12}$$

がM₂とmの公転周期が等しくなる条件である。

VI－2　正三角形解と直線解

まず、(6.10)の条件の、$r_{2m} = 1$ の場合を考える。

$r_{2m} = 1$ なので、r_{1m} は(6.3)より次式となり、これより $\boldsymbol{\alpha}_{m1}$ の大きさを求める。

$$r_{1m} = \sqrt{(1+\cos\theta)^2 + \sin^2\theta} = \sqrt{2(1+\cos\theta)} \tag{6.13}$$

$$|\boldsymbol{\alpha}_{m1}| = \frac{GM_1}{r_{1m}^2} = \frac{GM_1}{2(1+\cos\theta)} \tag{6.14}$$

さらに(6.8)で $r_{2m} = 1$ なので、M₂の潮汐力による加速度の大きさは

$$\boldsymbol{\alpha}_{m2} - \boldsymbol{\alpha}_{12} = \boldsymbol{\alpha}_m - \boldsymbol{\alpha}_{m1} = -GM_2 \begin{pmatrix} \cos\theta + 1 \\ \sin\theta \end{pmatrix} \tag{6.15}$$

$$|\boldsymbol{\alpha}_{m2} - \boldsymbol{\alpha}_{12}| = GM_2\sqrt{(\cos\theta+1)^2 + \sin^2\theta} = GM_2\sqrt{2(1+\cos\theta)} \tag{6.16}$$

であり、$\boldsymbol{\alpha}_{\mathbf{m}}$ と $\boldsymbol{\alpha}_{m1}$ は方向が同じなので(6.1)、(6.14)、(6.16)より $\boldsymbol{\alpha}_m$ の大きさは

$$|\boldsymbol{\alpha}_{\mathbf{m}}| = |\boldsymbol{\alpha}_{m1} + \boldsymbol{\alpha}_{m2} - \boldsymbol{\alpha}_{12}| = \frac{GM_1}{2(1+\cos\theta)} + GM_2\sqrt{2(1+\cos\theta)}$$

$$= GM_2 \left\{ \frac{M_1}{M_2} \cdot \frac{1}{2(1+\cos\theta)} + \sqrt{2(1+\cos\theta)} \right\} \tag{6.17}$$

となる。さらに(6.7)より $\boldsymbol{\alpha}_2$ の大きさは

$$|\boldsymbol{\alpha}_2| = G(M_1 + M_2) = GM_2 \left(1 + \frac{M_1}{M_2} \right) \tag{6.18}$$

である。(6.12)に(6.17)、(6.18)を代入すると

110

$$GM_2\left(1 + \frac{M_1}{M_2}\right) = \frac{1}{r_{1m}}GM_2\left\{\frac{M_1}{M_2} \cdot \frac{1}{2(1+\cos\theta)} + \sqrt{2(1+\cos\theta)}\right\}$$

となり、これに(6.13)を代入して整理すると次のようになる。

$$\left(1 + \frac{M_1}{M_2}\right)\sqrt{2(1+\cos\theta)} = \frac{M_1}{M_2} \cdot \frac{1}{2(1+\cos\theta)} + \sqrt{2(1+\cos\theta)}$$

$$\left(1 + \frac{M_1}{M_2}\right)\left(\sqrt{2(1+\cos\theta)}\right)^3 = \frac{M_1}{M_2} + \left(\sqrt{2(1+\cos\theta)}\right)^3$$

$$\left(1 + \frac{M_1}{M_2} - 1\right)\left(\sqrt{2(1+\cos\theta)}\right)^3 = \frac{M_1}{M_2}$$

$$\frac{M_1}{M_2}\left(\sqrt{2(1+\cos\theta)}\right)^3 = \frac{M_1}{M_2} \tag{6.19}$$

これより、この場合の解は次のようになる。

$$\cos\theta = -\frac{1}{2} \qquad \Rightarrow \qquad \theta = \pm 120° \tag{6.20}$$

従って、$r_{2m} = 1$ の場合、mの位置は、M_2の軌道上で、M_2より60度進んだ位置、及び60度遅れた位置となることから、M_1、M_2、mが正三角形となるようなmの位置が解となる。そのため、これらの解は正三角形解と呼ばれている。そして、M_2から60度進んだ位置をL4点、60度遅れた位置をL5点としている。

次に、(6.9)の条件の、$\sin\theta = 0$ の場合を考える。

この場合、M_1、M_2、mは直線上にあるので、スカラーで扱う。そうすると、(6.1)、(6.2)、(6.4)、(6.5)、(6.12)は次のようになる。

$$\alpha_m = \alpha_{m1} + \alpha_{m2} - \alpha_{12} \tag{6.1}'$$
$$\alpha_2 = \alpha_{21} - \alpha_{12} \tag{6.2}'$$
$$\alpha_{12} = GM_2 \tag{6.4}'$$
$$\alpha_{21} = -GM_1 \tag{6.5}'$$
$$\alpha_2 = \frac{\alpha_m}{r_{1m}} \tag{6.12}'$$

これより、(6.12)'の左辺は(6.2)'、(6.4)'、(6.5)'より次のようになる。

$$\alpha_2 = -(GM_1 + GM_2) = -GM_2\left(\frac{M_1}{M_2} + 1\right) \tag{6.21}$$

以降は、mの位置が 図 6.3 の ①、②、③ の3ケースを個別に考える。

図 6.3

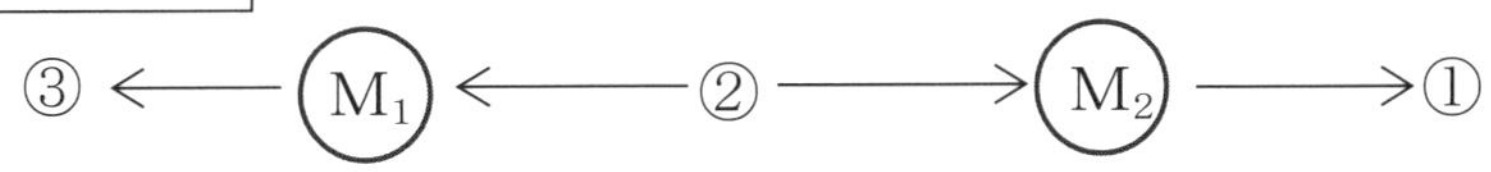

111

ⅰ　mの位置が　①　の場合

この場合のそれぞれの加速度と r_{1m} は 図 6.3、(6.1)より

$$\alpha_{m1} = -\frac{GM_1}{(1+r_{2m})^2} \qquad 、 \qquad \alpha_{m2} = -\frac{GM_2}{r_{2m}^2} \tag{6.22}$$

$$\alpha_m = -\frac{GM_1}{(1+r_{2m})^2} - \frac{GM_2}{r_{2m}^2} - GM_2 \tag{6.23}$$

$$r_{1m} = (1+r_{2m}) \tag{6.24}$$

だから、(6.12)'の右辺は次のようになる。

$$\frac{\alpha_m}{r_{1m}} = -\frac{GM_2}{1+r_{2m}}\left\{\frac{M_1}{M_2}\cdot\frac{1}{(1+r_{2m})^2} + \frac{1}{r_{2m}^2} + 1\right\} \tag{6.25}$$

(6.21)、(6.25)より、(6.12)'は次のようになる。

$$(1+r_{2m})\left(\frac{M_1}{M_2}+1\right) = \frac{M_1}{M_2}\cdot\frac{1}{(1+r_{2m})^2} + \frac{1}{r_{2m}^2} + 1 \tag{6.26}$$

(6.26)は $r_{2m} = 0$ では、左辺＝$M_1/M_2 + 1$、右辺＝無限大 で 左辺<右辺、$r_{2m} = 1$ では、左辺＝$2(M_1/M_2 + 1)$、右辺＝$(M_1/M_2)\cdot(1/4) + 2$ となるから左辺>右辺 である。また、(6.26)の左辺は右上がりの直線、右辺の第1項、第2項は右上に開いた曲線だから、右辺全体では右下がりの曲線である。これらのことから、(6.26)を満たす r_{2m} は 0 から 1 の間 に1つだけ存在する。この点をL2点と呼んでいる。

ⅱ　mの位置が　②　の場合

この場合、①と同様に

$$\alpha_{m1} = -\frac{GM_1}{r_{1m}^2} \qquad 、 \qquad \alpha_{m2} = \frac{GM_2}{(1-r_{1m})^2} \tag{6.27}$$

$$\alpha_m = -\frac{GM_1}{r_{1m}^2} + \frac{GM_2}{(1-r_{1m})^2} - GM_2 \tag{6.28}$$

そして、(6.12)'の右辺は次のようになり

$$\frac{\alpha_m}{r_{1m}} = -\frac{GM_2}{r_{1m}}\left\{\frac{M_1}{M_2}\cdot\frac{1}{r_{1m}^2} - \frac{1}{(1-r_{1m})^2} + 1\right\} \tag{6.29}$$

(6.21)、(6.29)より、(6.12)'は次のようになる。

$$r_{1m}\left(\frac{M_1}{M_2}+1\right) = \frac{M_1}{M_2}\cdot\frac{1}{r_{1m}^2} - \frac{1}{(1-r_{1m})^2} + 1 \tag{6.30}$$

(6.30)は $r_{1m} = 0$ では、左辺＝0、右辺＝無限大 なので 左辺＜右辺 であり、$r_{1m} = 1$ では、左辺＝$M_1/M_2 + 1$、右辺＝負の無限大 だから 左辺＞右辺 である。また、(6.30)の左辺は右上がりの直線、右辺第1項は右上に開いた曲線、第2項は左下に開いた曲線だから、右辺全体では右下がりの曲線である。これらのことから、(6.30)を満たす r_{1m} は 0から1の間 に1つだけ存在する。この点をL1点と呼んでいる。

iii　mの位置が ③ の場合

この場合も、①、②と同様に

$$\alpha_{m1} = \frac{GM_1}{r_{1m}^2} \qquad 、 \qquad \alpha_{m2} = \frac{GM_2}{(1 + r_{1m})^2} \tag{6.31}$$

$$\alpha_m = \frac{GM_1}{r_{1m}^2} + \frac{GM_2}{(1 + r_{1m})^2} - GM_2 \tag{6.32}$$

そして、(6.12)'の右辺は次のようになり

$$\frac{\alpha_m}{r_{1m}} = -\frac{GM_2}{r_{1m}}\left\{ \frac{M_1}{M_2} \cdot \frac{1}{r_{1m}^2} + \frac{1}{(1 + r_{1m})^2} - 1 \right\} \tag{6.33}$$

(6.21)、(6.33)より、(6.12)'は次のようになる。

$$r_{1m}\left(\frac{M_1}{M_2} + 1\right) = \frac{M_1}{M_2} \cdot \frac{1}{r_{1m}^2} + \frac{1}{(1 + r_{1m})^2} - 1 \tag{6.34}$$

　(6.34)は $r_{1m} = 0$ で、左辺＝0、右辺＝無限大 で 左辺＜右辺、であり、$r_{1m} = 1$ では、左辺＝$M_1/M_2 + 1$ 、右辺＝$M_1/M_2 - 3/4$ だから 左辺＞右辺 である。また、(6.34)の左辺は右上がりの直線、右辺の第1項、第2項は右上に開いた曲線だから、右辺全体では右下がりの曲線である。これらから、(6.34)を満たす r_{1m} は 0から1の間 に1つだけ存在する。この点をL3点としている。

　L1点、L2点、L3点 は、M₁とM₂を結ぶ直線上に存在することから、これらの点の解は"直線解"と呼ばれている。

　以上でラグランジュ点の正三角形解を解くことができ、直線解が存在する範囲の特定ができた。そして、円制限3体問題の特殊解は、正三角形解が2つと直線解が3つの合計5つであること、また5つしかないことが確認できた。

　正三角形解の条件式(6.20)では変数は θ のみであり、G、M_1、M_2 には依存しない。また、直線解の条件式(6.26)、(6.30)、(6.34)では、r_{1m}、r_{2m} の r_{12} との比を求めており、ここでのパラメータは M_1/M_2 であることから、これらの解は G には依存せず、M_1/M_2 のみで決まる。

これら5点は 図 6.4 の相対位置関係である。

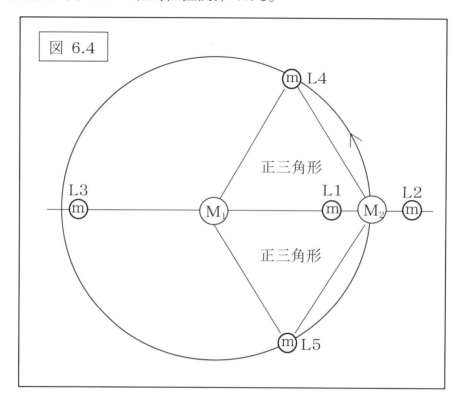

VI－3 ラグランジュ点の安定性

VI－2 で5つのラグランジュ点の存在を見た。ここでは、ラグランジュ点から少し離れた位置におけるバランス特性について考察し、ラグランジュ点の安定性を考える。

ここで、定常点の安定、不安定について確認しておく。

"安定"とは、定常点から少し変位した場合でも近傍域に留まり、定常点近傍から離脱しないことであり、"不安定"とは、安定でない、すなわち、定常点から少しでも変位するとその変位が時間と共に大きくなる場合である。

少し離れた位置として、各ラグランジュ点の動径方向、軌道上、及び軌道面に垂直な方向のそれぞれについてmに生ずる加速度の変化分の方向を考える。

i　直線解でmが動径方向に少し離れた場合

L2点について考える。mがL2点から 図 6.5 のように、M_2から離れる方向の場合、図 6.1 の $\pmb{\alpha}_{m1}$ 及び $\pmb{\alpha}_{m2}$ は、mがM_1、M_2から遠くなるので、共にL2点でのそれよりも小さくなる。そのため、mに生ずる加速度 $\pmb{\alpha}_m$ は、(6.1)より、L2点でのそれより小さく、その差のベクトル $\Delta\pmb{\alpha}_m$ の向きはL2点の反対方向である。

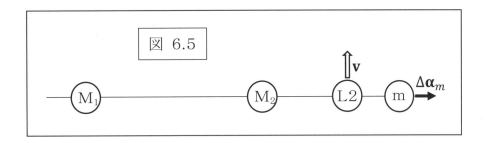

同様に、mがM₂に近づいた場合 $\boldsymbol{\alpha}_{m1}$、$\boldsymbol{\alpha}_{m2}$ はL2点よりも大きくなるので、$\Delta\boldsymbol{\alpha}_m$ はここでもL2点の反対方向を向く。そして、L1点、L3点においても同様で、$\Delta\boldsymbol{\alpha}_m$ の向きはそれぞれL1点、L3点の反対方向である。

ⅱ 直線解でmが軌道上で少し離れた場合

mが軌道上で進んだ方向に離れた場合、$\boldsymbol{\alpha}_{m1}$ 及び $\boldsymbol{\alpha}_{m2}$ は、L2点ではM₂の方向を向いているが、図 6.6 に示すように、M₁とM₂を結ぶ線上よりも軌道上の遅れた方向に向く。このことから、$\Delta\boldsymbol{\alpha}_m$ はL2点の方向を向く。

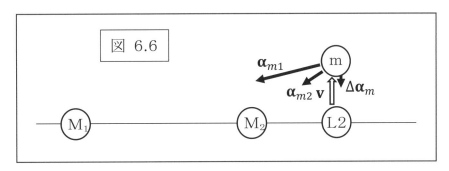

同様に、mがL2点より遅れた方向に離れた場合にも $\Delta\boldsymbol{\alpha}_m$ はL2点の方向を向く。また、L1点、L3点でも同様に $\Delta\boldsymbol{\alpha}_m$ はそれぞれL1点、L3点の方向を向く。

軌道面内でmがL2点から離れた場合のmに生ずる加速度の変化分ベクトル $\Delta\boldsymbol{\alpha}_m$ の向きをまとめると 図 6.7 のようになる。

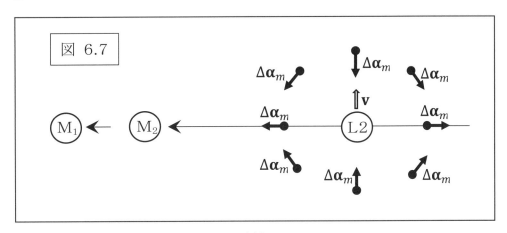

ⅲ 直線解でmが軌道面に垂直な方向に離れた場合。

図 6.8 のように、軌道面に垂直な方向にz軸をとる。この図に示すように、mがL2点よりz方向に離れた場合、図 6.6 と同様に $\Delta\boldsymbol{\alpha}_m$ はL2点の方向を向く。mが-z方向に離れた場合も $\Delta\boldsymbol{\alpha}_m$ はL2点の方向を向く。

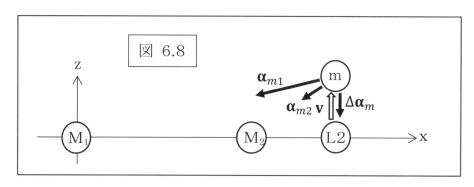

また、L1点及びL3点においても $\Delta\boldsymbol{\alpha}_m$ はそれぞれL1点、L3点の方向となる。

ⅰより、直線解の各点から動径方向に少しでも変位すると、その変位は時間と共に大きくなることから、この方向には不安定である。

ⅱより、直線解の各点から軌道上で少しでも変位すると、その変位を各点の方向に戻す方向に力が働く。そうすると、その力は 図 6.6 のmの位置の場合、減速方向である。常に減速されるので、軌道長半径が小さくなり、動径も小さくなることから、軌道上だけでなく動径方向にも変位することになる。

動径方向の変位はⅰで見たように時間と共に大きくなるので、この場合も不安定である。mの変位が 図 6.6 の逆の方向でも同様で、常に加速方向に力が働き、軌道長半径と動径が大きくなることから、この方向の変位は時間と共に大きくなり、この場合も不安定である。

ⅲより、mがラグランジュ点の軌道面から離れた場合、$\Delta\boldsymbol{\alpha}_m$ は各ラグランジュ点に戻る方向だから、発散しない。

以上より、直線解の3点 L1、L2、L3は不安定である。

ⅳ 正三角形解でmがM₂からの距離を維持してM₁から離れた場合

まず、L4点について考える。mがM₁に近づくと $\boldsymbol{\alpha}_{m1}$ は大きくなり、M₂との距離は変わらないので $\boldsymbol{\alpha}_{m2}$ は変わらない。そのため、$\Delta\boldsymbol{\alpha}_m$ はM₁の方向を向く。

反対に、mがM₁から遠ざかると、$\Delta\boldsymbol{\alpha}_m$ はM₁の反対方向を向く。

L5点についても同様である。

v　正三角形解でM₁からの距離を維持してM₂から離れた場合

　mがM₂に近づくとα_{m2}は大きくなり、M₁との距離は変わらないのでα_{m1}は変わらない。そのため、$\Delta\alpha_m$はM₂の方向を向き、mがM₂から離れると、α_{m2}は小さくなり、$\Delta\alpha_m$はM₂の反対方向を向く。L5点においても同様である。

　L4点について、これらを　図 6.9　に示す。L5点についても同様である。

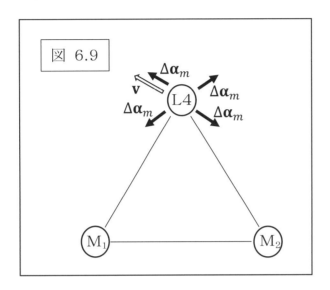

vi　正三角形解でmが軌道面に垂直な方向に離れた場合

　この場合、ⅲと同様に、$\Delta\alpha_m$はL4点、L5点の方向を向く。

　ⅳ、ⅴより、正三角形解の各点は、軌道面内の変位に対しては不安定であるように見える。これは、回転する座標系を、ある瞬時の状態に固定して考えていた。

　回転座標系で考えると、回転する座標系内を運動する物体に作用する見かけの力である"コリオリ力"が発生し、それを考慮すると、mはL4点、L5点の周囲を回転することが知られている。

　そして、この軌道は、初期位置によりL4点からL3点を通りL5点に達する馬蹄形となるか、L4点あるいはL5点の周囲を回転する。

　ⅲと同様に、ⅵより、mがラグランジュ点の軌道面から離れた場合、$\Delta\alpha_m$は各ラグランジュ点に戻る方向だから、発散しない。

　従って、L4点、L5点は安定である。

　ここでは、安定性について定性的に考え検討した。運動方程式を逐次積分すれば詳細なmの運動が把握できる。

Ⅵ－4　太陽系におけるラグランジュ点

　太陽の周りを惑星が、惑星の回りを衛星が公転している。これらの惑星や衛星は惑星運動の法則に従って近似的に円運動しているとみなすことができる。そのため、惑星ごとに太陽（M_1）とその惑星（M_2）の組、衛星ごとに惑星（M_1）と衛星（M_2）の組に対するラグランジュ点（厳密ではないがここではこれらも広義にラグランジュ点ととらえる）が存在すると言える。

　惑星の公転軌道のL4点とL5点は特に"トロヤ点"と呼ばれ、その付近を運動する小惑星群があり、それは"トロヤ群"と呼ばれている。

　木星のトロヤ群が発見された時、トロヤ戦争の勇士の名前が付けられたことからそう呼ばれている。単にトロヤ群という場合には木星のトロヤ群を意味している。

　木星以外にもトロヤ群は地球、火星、天王星、海王星にも発見されている。地球のトロヤ群には2つの小惑星が発見されており、これらはL4点付近を振動していて、少なくとも約4千年間はその付近に留まる。

　L4点とL5点のまわりでは、前述のように、軌道面内ではコリオリ力が働き、安定した軌道が存在する。トロヤ群の運動は、馬蹄形ではなく、L4点とL5点の近くを周回する軌道である。

　直線解のまわりを周回する、水平方向と垂直方向の動きの周期が等しい、完全な周期軌道が存在することがわかっている。これは"ハロー軌道"と呼ばれている。

　太陽－地球系のような制限なしの多体力学系では、直線解付近に、水平方向と垂直方向の動きの周期が異なる、準周期的な"リサジュー軌道"が存在する。

　太陽－地球系のL1点付近は太陽に面しており、常に太陽を観測できるので、太陽観測探査機がそこに打ち上げられている。ここは太陽を背にする位置なので、地球との交信のため地上のアンテナを太陽に向けることになり、背景雑音の面から通信が困難となる。これを避けるため太陽観測探査機にはL1点まわりを周回する軌道が採用される。この位置は、太陽風などのイベントを地球到達に先立って観測できるので宇宙天気予報にも有用である。

　L1点付近にはSOHO（Solar and Heliospheric Observatory）、ACE（Advanced Composition Explorer）等が投入されている。

　太陽－地球系のL2点は地球から見て太陽の反対側であり、この点には太陽照射はない。この点のまわりを回る太陽照射のある軌道に JWST（James Webb Space Telescope）が投入されている。この宇宙探査機の太陽電池パネルと地球との交信に使用するアンテナは太陽と地球の方向、宇宙望遠鏡はその反対側に取りつけられている。Herschel Space Observatory、WMAP（Wilkinson Microwave Anisotropy Prove）、Gaia、Euclid 等の宇宙探査機も同様な軌道に投入されている。

118

また、地球－月系のL2点は、月の裏側を常時観測できるので、L2点まわりを周回する軌道にすると、観測と中継の両方の利用に有用である。

これらは、それぞれの位置の特長を利用した、目的に応じた探査機に有用な位置であり活用されている。

これまで、L3点は有用なミッションが考えられたことは無いようであるが、この点は、例えば、太陽裏面や地球季節の反対側宇宙の観測が可能であろう。そして、L3点まわりを周回する軌道であれば、地球との通信も可能である。

最後に、直線解の具体的な位置について計算する。地球は太陽の回りをほぼ円運動しており、月は地球の回りをほぼ円運動している。地球と月の軌道が円であるとした場合の、それぞれの直線解の具体的な位置を計算する。

L1点を与える r_{1m} は(6.30)で与えられている。ここでは、M_1/M_2 を r_{1m} の関数として整理し、M_1/M_2 を満たす r_{1m} を求める。

(6.30)を次のように変形し整理する。

$$r_{1m}\left(\frac{M_1}{M_2} + 1\right) = \frac{M_1}{M_2} \cdot \frac{1}{r_{1m}^2} - \frac{1}{(1-r_{1m})^2} + 1 \tag{6.30}$$

$$\frac{M_1}{M_2}\left(r_{1m} - \frac{1}{r_{1m}^2}\right) = -\frac{1}{(1-r_{1m})^2} + (1-r_{1m})$$

$$\frac{M_1}{M_2} \cdot \frac{r_{1m}^3 - 1}{r_{1m}^2} = \frac{-1 + (1-r_{1m})^3}{(1-r_{1m})^2} = \frac{-r_{1m}(3 - 3r_{1m} + r_{1m}^2)}{(1-r_{1m})^2}$$

$$\frac{M_1}{M_2} = \frac{r_{1m}^3(3 - 3r_{1m} + r_{1m}^2)}{(1-r_{1m})^2(1-r_{1m}^3)} \tag{6.35}$$

ここでの計算では、M_2 からmまでの距離 r_{2m} の r_{12} との比を計算する。そうすると、M_2 からmまでの距離 r_{2m} は次のようになる。

$$r_{2m} = 1 - r_{1m} \quad \Rightarrow \quad r_{1m} = 1 - r_{2m} \tag{6.36}$$

これらから、r_{2m} をパラメータに(6.36)の左辺を計算し、所定の M_1/M_2 を与える r_{2m} を求める。

太陽、地球、月の質量 M_s、M_e、M_m はそれぞれ

$M_s = 1.9884 \times 10^{30}\mathrm{kg}$、$M_e = 5.9724 \times 10^{24}\mathrm{kg}$、$M_m = 7.3458 \times 10^{22}\mathrm{kg}$

である。また、太陽－地球系では、地球系として地球と月の質量の和を用いる。そうすると、太陽－地球系および地球－月系の M_1/M_2 は次のようになる。

$$\text{太陽－地球系} \quad : \quad \frac{M_1}{M_2} = \frac{M_s}{M_e + M_m} = 3.2888 \times 10^5 \tag{6.37}$$

$$\text{地球－月系} \quad : \quad \frac{M_1}{M_2} = \frac{M_e}{M_m} = 8.1304 \times 10 \tag{6.38}$$

(6.35)、(6.36)、(6.37)より r_{2m} は以下と求まった。また、太陽から地球までの距離は $1.4960 \times 10^8 \mathrm{km}$ だから太陽－地球系のL1点のM_2からの距離は次のように求まる。

$$r_{2m} = 1.0011 \times 10^{-2} \tag{6.39}$$

$$1.0011 \times 10^{-2} \times 1.4960 \times 10^8 = 1.4977 \times 10^6 \mathrm{km}$$
$$\text{地球軌道の地球の内側} \quad (6.40)$$

地球から月までの平均距離は $3.8440 \times 10^5 \mathrm{km}$ だから、このL1点は、月軌道の約4倍外側である。

同様に、地球－月系のL1点は(6.35)、(6.36)、(6.38)より次にように求まる。

$$r_{2m} = 1.5093 \times 10^{-1} \tag{6.41}$$

$$1.5093 \times 10^{-1} \times 3.8440 \times 10^5 = 5.8018 \times 10^4 \mathrm{km}$$
$$\text{月軌道の月の内側} \quad (6.42)$$

次にL2点について計算する。(6.26)より、(6.35)と同様に、ここでは M_1/M_2 を r_{2m} の関数として求めると、次のようになる。

$$\frac{M_1}{M_2} = \frac{(1 - r_{2m}^3)(1 + r_{2m})^2}{r_{2m}^3(3 + 3r_{2m} + r_{2m}^2)} \tag{6.43}$$

これらより、L1点と同様に、太陽－地球系のL2点は次のように求まる。

$$r_{2m} = 1.0078 \times 10^{-2}$$

$$1.0078 \times 10^{-2} \times 1.4960 \times 10^8 = 1.5077 \times 10^6 \mathrm{km}$$
$$\text{地球軌道の地球の外側} \quad (6.44)$$

同様に、地球－月系では次のようになる。

$$r_{2m} = 1.6783 \times 10^{-1} \tag{6.45}$$

$$1.6783 \times 10^{-1} \times 3.8440 \times 10^5 = 6.5192 \times 10^4 \mathrm{km}$$
$$\text{月軌道の月の外側} \quad (6.46)$$

最後にL3点を同様に求める。まず、(6.34)を変形して整理する。

$$\frac{M_1}{M_2} = \frac{r_{1m}^3(3 + 3r_{1m} + r_{1m}^2)}{(1 + r_{1m})^2(1 - r_{1m}^3)} \tag{6.47}$$

ここでは、M_2の軌道のM_2の反対側からmまでの相対距離を r_{o2m} とし

$$r_{o2m} = 1 - r_{1m} \quad \Rightarrow \quad r_{1m} = 1 - r_{o2m} \tag{6.48}$$

r_{o2m} を求める。計算結果は次のようになる。

太陽－地球系では

$$r_{o2m} = 1.7737 \times 10^{-6} \tag{6.49}$$

$$1.7737 \times 10^{-6} \times 1.4960 \times 10^{8} = 2.6534 \times 10^{2} \text{km}$$

$$\text{地球軌道の地球の反対側の内側} \tag{6.40}$$

地球－月系では以下である。

$$r_{o2m} = 7.0877 \times 10^{-3} \tag{6.51}$$

$$7.0877 \times 10^{-3} \times 3.8440 \times 10^{5} = 2.7245 \times 10^{3} \text{km}$$

$$\text{月軌道の月の反対側の内側} \tag{6.52}$$

太陽－地球系と地球－月系のラグランジュ点直線解の計算結果をまとめると次のようになる。なお、これらはエクセルを活用して計算した。

点＼系	太陽－地球系	地球－月系
L1点	1.4977×10^{6}km 地球軌道の 地球の内側	5.8018×10^{4}km 月軌道の 月の内側
L2点	1.5077×10^{6}km 地球軌道の 地球の外側	6.5192×10^{4}km 月軌道の 月の外側
L3点	2.6538×10^{2}km 地球軌道の 地球の反対側の内側	2.7245×10^{3}km 月軌道の 月の反対側の月の内側

ここで、以下について確認しておく。これらは広辞苑、Wikipedia を参考にした。

コリオリ力 ： これを数学的に表現したのは、1835年コリオリ（1792～1843）が水車の理論に関した論文が最初である。20世紀初頭から気象学で"コリオリ力"という用語が使われ始めた。
回転運動している座標系で運動する物体に働く見かけの力の1つ。その物体の速度の大きさに比例し、速度の向きに垂直に働く。
日本語では"転向力"と呼ばれている。

ハロー軌道 ： "ハロー"は暈（かさ：太陽または月の周囲に見える光の環、光が微細な氷の結晶からなる雲で反射・屈折を受ける結果生じる。広義では光冠も含む）であり、また、渦巻銀河の円盤を広く取り囲む、ほぼ

球状に星が分布している部分である。

これから、ハロー軌道は直線解のラグランジュ点付近を、閉曲線を描いて周期的に周回する軌道のことである。

リサジュー軌道　：“リサジュー図形”は互いに垂直な方向の2つの単振動を合成して得られる平面図形で、リサジュー（1822〜1843）が1855年に考案した。

これから、リサジュー軌道は、直線解のラグランジュ点付近を準周期的に、周期の異なる動きを合成した運動をする軌道である。

　ハロー軌道やリサジュー軌道等の多体力学系は解析的には解けない。これらの軌道の探査機の運動は、位置と速度の初期条件を与え、その近傍の摂動力による加速度を求め、その加速度を数値的に積分することにより、1ステップ先の位置と速度を計算する。これを繰り返して必要な時刻までの位置と速度を計算する、すなわち運動方程式を逐次積分することにより、当該探査機の動きが把握できる。

　このように、運動方程式を逐次数値積分することによって必要な時点までの位置と速度を求める方法を“特別摂動法”という。これに対し、運動方程式を解析的に解く方法を“一般摂動法”という。

　特別摂動法において、高精度を要求されるときは、運動方程式の中の摂動力の記述を精度の高いものとし、かつ数値積分ステップ幅をより小さなものにすればよい。しかし、例えば1年後の衛星の位置を求めたい場合であっても途中を省略することはできず、全期間をそのステップ幅で割った回数だけ数値積分の操作が必要となる。

　それに対し、一般摂動法では近似解しか求められないし解の数式表現を得るまでの過程には多大の労力を要するが、一旦解が得られれば任意の時刻における衛星等の位置と速度が求められる。(4.20)〜(4.22)、(4.41)、(4.45)、(4.56)、(5.24)、(5.29)〜(5.31)、(5.33)、(5.35)は一般摂動法で求められた近似解である。

付録 A 〔軌道力学関係用語〕

質量 (kg)

　物体が有する固有の量。力が物体を動かそうとする時に物体の慣性によって生じる抵抗の度合いを示す量(慣性質量)として定義される。他方、万有引力の法則から2物体間に働く引力が各々の質量(重力質量)の積に比例するとしても定義される。両質量は別概念であるが、実験結果でも両質量は同等であることが確認されている。

力 (kg·m·s^{-2})

　静止している物体に運動を起こし、また、動いている物体の速度を変えようとする作用。

重力 (kg·m·s^{-2})

　地球上の物体については、下向きに働いて重さの原因になる力。地球との間に働く万有引力と地球自転の遠心力との合力。同じ物体についても、地球上では場所や時間によって幾分異なる。

場

　空間の各点ごとにある物理量 A が与えられている時、A の場が存在するといい、A を場の量という。重力場、電磁場 等

重力加速度 (m·s^{-2})

　物体に働く重力をその物体の質量で割ったもの。軌道力学では 標準重力加速度を g で表わす。 $g = 9.80665$ m/s^2 である。

運動エネルギー (kg·m^2·s^{-2})

　物体の質量 m とその速度 v の平方との積の半分。

$$運動エネルギー \quad T = \frac{mv^2}{2} \tag{A.1}$$

位置エネルギー (kg·m^2·s^{-2})

　重力が働いている場(重力場)で、大きさが位置だけで決まるエネルギー。
　質点モデルの地球の重力場では μ を地球引力定数、r を地心からの距離とすると、次のようになる。

$$位置エネルギー \quad U = -\frac{\mu m}{r} \tag{A.2}$$

力学的エネルギー　　$(\mathrm{kg \cdot m^2 \cdot s^{-2}})$

運動エネルギーと位置エネルギーの和。

$$力学的エネルギー \quad E = T + U = \frac{mv^2}{2} - \frac{\mu m}{r} \tag{A.3}$$

外力が加わらない限り力学的エネルギーは一定 ： エネルギー保存の法則

　力の働いている場で、運動における変化においてエネルギー保存の法則が成り立てばその力は"保存力"、成り立たなければ"非保存力"という。惑星運動に関する第1法則の楕円運動(2.36)や、図 4.8 は位置エネルギーと運動エネルギーを交換しながら変化して力学的エネルギーが保存されており、この運動を起こしている力は保存力である。その他、月・太陽の引力による摂動力も保存力である。それに対し、図 3.10 の大気抵抗による力は非保存力である。

エネルギー　　$(\mathrm{kg \cdot m^2 \cdot s^{-2}})$

　物理的に仕事をなし得る諸量の総称。物体が力学的仕事をなし得る能力の意味であったが、その後、熱・光・電磁気やさらに質量までもエネルギーの形態であることがわかった。

ポテンシャル　　$(\mathrm{m^2 \cdot s^{-2}})$

　粒子が力の場の中にあるとき、その位置エネルギーを位置の関数として表したスカラー量。質点モデルの地球重力場でのポテンシャルは次のようになる。

$$地球重力場における \atop ポテンシャル \quad \Phi = \frac{\mu}{r} \quad （天体力学での定義） \tag{A.4}$$

運動量　　$(\mathrm{kg \cdot m \cdot s^{-1}})$

　物体の質量 m とその速度 v との積。　　　運動量 ＝ mv

角運動量　　$(\mathrm{kg \cdot m^2 \cdot s^{-1}})$

　運動量のモーメント(回転能力の大きさを表す量)。運動する物体では、動径ベクトル $\mathbf{r}$ と運動量ベクトル $m\mathbf{v}$ の外積。　　　角運動量 ＝ $\mathbf{r} \times m\mathbf{v}$
　外力が加わらない限り角運動量は一定 ： 角運動量保存の法則

ベクトルの外積

方向は、$\mathbf{A}$ から $\mathbf{B}$ に向かって右ネジをまわすとき、そのネジが進む方向。
大きさは $\mathbf{A}$ と $\mathbf{B}$ が作る平行四角形の面積。

$$外積 \quad \mathbf{A} \times \mathbf{B} = \begin{pmatrix} A_1 \\ A_2 \\ A_3 \end{pmatrix} \times \begin{pmatrix} B_1 \\ B_2 \\ B_3 \end{pmatrix} = \begin{pmatrix} A_2 B_3 - A_3 B_2 \\ A_3 B_1 - A_1 B_3 \\ A_1 B_2 - A_2 B_1 \end{pmatrix} \tag{A.5}$$

外積の大きさ　　$|\mathbf{A} \times \mathbf{B}| = |\mathbf{A}||\mathbf{B}|\sin\delta =$ $\mathbf{A}$ と $\mathbf{B}$ が作る平行四辺形の面積　　　(A.6)

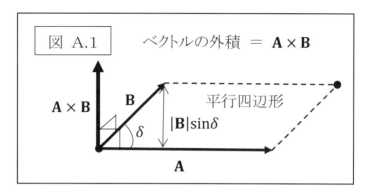

図 A.1　ベクトルの外積 $= \mathbf{A} \times \mathbf{B}$

|仕事|　$(\mathrm{kg}\cdot\mathrm{m}^2\cdot\mathrm{s}^{-2})$

　力が働いて物体が移動した時に、"物体の移動した向きの力"と"移動した距離"の積を、"力が物体になした仕事"という。
　仕事は働いた力を $\mathbf{F}$ 移動した距離を $\mathbf{s}$ とすると $\mathbf{F}$ と $\mathbf{s}$ の内積。力と移動した方向のなす角を θ とすると

仕事　　$W = \mathbf{F}\cdot\mathbf{s} = |F||s|\cos\theta$　　　(A.7)

である。

ベクトルの内積

内積　　$\mathbf{A}\cdot\mathbf{B} = \begin{pmatrix} A_1 \\ A_2 \\ A_3 \end{pmatrix} \cdot \begin{pmatrix} B_1 \\ B_2 \\ B_3 \end{pmatrix} = (A_1 B_1 + A_2 B_2 + A_3 B_3) = |\mathbf{A}||\mathbf{B}|\cos\theta$

(A.8)

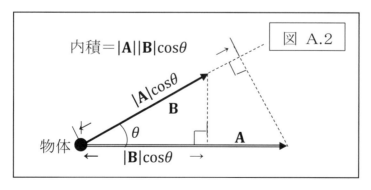

図 A.2　内積 $= |\mathbf{A}||\mathbf{B}|\cos\theta$

付録 B 〔質量と重量について〕 : Wikipedia より抜粋

1901 年の第 3 回 CGPM（国際度量衡総会）は、重量（仏: poids、英: weight ）という語の曖昧さを排除するために、次の声明を発出した。

質量の単位と重量の定義に関する声明

国際度量衡総会によって、1889 年 9 月 26 日の会合において満場一致で採択されたメートル法諸原器承認の文書に含まれている決定を考慮し、あるときは質量（仏: masse、英: mass）に対して、あるときは力学的な力（仏: force、英: force)に対して使われている重量（仏: poids、英: weight）という用語の意味について、日常的な使い方の中にいまだに残っているあいまいさを取り除く必要を考慮し、国際度量衡総会は

1　キログラムは質量(mass)の単位であって、それは国際キログラム原器の質量に等しい

2　「重量」(weight)という用語は「力」(force)と同じ性質の量を示す
ある物体の重量は、その物体の質量と重力加速度の積であること、
特に、ある物体の標準重量は、
その物体の質量と標準重力加速度の積である

3　標準重力加速度の値に対して国際度量衡業務で採用された数値は
980.665 cm/s^2 であり、すでにいくつかの国の法律において明記されていることを声明する。

上記声明の説明

物を手に持った時に「重さ」を感じるのはその物が地球の引力によって手に力を及ぼすためである。また、吊るされた梵鐘などを手で揺らそうとする時に「重さ」を感じるのは慣性力が手に力を及ぼすためである。この場合、日常語としてはどちらも「重い」と表現するが、これは古くから重力加速度による重力と加速による慣性力に密接な関係があることを経験上知っていたためである。

地球上の場合、質量が 1kg の物体にかかる重力は約 9.8N（1N＝1kgm/s^2）である。この力をかつては 1 キログラム重(1kgf)と称していたが、1999 年以降は、この計量単位は、計量法の規定により、取引・証明に用いることは禁止されている。

重力は重力加速度に比例して変化するため、同じ物体でも別の天体上では異なる重さになり、また地球上でも場所によっては異なる重さになる。そのため、質量を重力の大きさを介して量るばねばかりを使う場合はその地点の重力加速度の違いによって調整ができるようになっている。天秤ばかりの場合は、分銅の質量とバランスによって質量を量るので、その計測値は重力加速度に依らず一定である。

宇宙船の中での体重測定のように、物質の慣性力の大きさから質量を計量する場合は、その質量は重力加速度に影響されない。

付録 C 〔関連用語について〕

ケプラリアン軌道要素に、離心率、昇交点赤経がある。これらに関連あるいは類似の用語として 扁平率、赤緯 がある。

<u>離心率</u>(e)は、楕円の長半径と短半径の関係を表し、(2.8)のとおりである。

$$離心率(e) = \sqrt{\frac{a^2 - b^2}{a^2}} \qquad \begin{array}{l} a : 軌道長半径 \\ b : 軌道短半径 \end{array} \qquad (C.1)$$

<u>扁平率</u>(f)は、地球の形状で用いられ、次の関係である。

$$扁平率(f) = \frac{R_e - R_p}{R_e} \qquad \begin{array}{l} R_e : 赤道半径(a に相当) \\ R_p : 極半径 \; (b に相当) \end{array} \qquad (C.2)$$

また扁平率と離心率との関係は次のようになる。

$$e = \sqrt{f(2-f)} \qquad (C.3)$$

地球は 赤道半径＝6378137m、極半径＝6356752m であり、これより、扁平率＝1／298.2528 である。

<u>赤経</u>と<u>赤緯</u>は対で用いられる。地心を原点とし、X軸を春分点方向、Z軸を北極方向、X軸から赤道面上で反時計回りに90度の方向にY軸とした直交座標系で、位置ベクトル **R** の方向を表す場合、**R** の赤道面への投影のX軸からの角度を赤経、**R** の赤道面からの角度を赤緯と呼ぶ(図 C.1)。

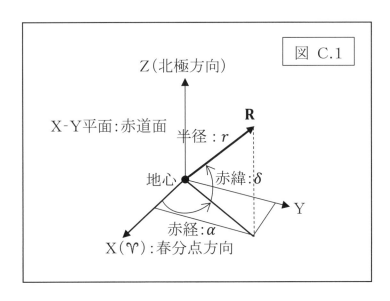

ここで、赤経を α、赤緯を δ、**R** の大きさを r とすると、位置ベクトルは次のように表される。

$$\mathbf{R} = r \begin{pmatrix} \cos\delta\cos\alpha \\ \cos\delta\sin\alpha \\ \sin\delta \end{pmatrix}$$

(C.4)

　広辞苑によると、扁平の「扁」には、扁は「門札」・「平たいふだ」、「編」に同じ との説明がある。「編」は、漢字の構成上の名称。漢字の左側の部分をなす字形 との説明である。さらに、「偏角」は磁気子午線と地理学的子午線とのなす角、すなわち磁針の指す北と真の北とのなす角 となっている。

　偏角は英語では"argument"である。手持ちの英和辞典では"argument"は"偏角"、"独立変数"、"関数の引数"である。

　近地点引数は、英語では argument of perigee という。"引数"は"パラメータ"という説明もある。これは、独立変数や関数の引数に近いイメージであろう。

　近地点引数の"引数"は偏角であり、近地点の昇交点からの角度である。

付録 D 〔座標系の回転〕

平面直交座標系 x′–y′ で表した位置 $\begin{pmatrix} x' \\ y' \end{pmatrix}$ があるとき、この座標系を時計回りに θ 回転した座標系 x–y ではその位置 $\begin{pmatrix} x \\ y \end{pmatrix}$ は、図 D.1 に示すようになる。

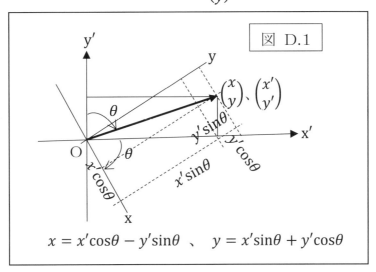

$$x = x'\cos\theta - y'\sin\theta 、 y = x'\sin\theta + y'\cos\theta$$

この関係を行列表示すると次のようになる。

$$\begin{pmatrix} x \\ y \end{pmatrix} = \begin{pmatrix} \cos\theta & -\sin\theta \\ \sin\theta & \cos\theta \end{pmatrix} \begin{pmatrix} x' \\ y' \end{pmatrix} \tag{D.1}$$

3×3の行列の積は次のようになる。

$$\begin{pmatrix} a & b & c \\ d & e & f \\ g & h & i \end{pmatrix} \begin{pmatrix} j & k & l \\ m & n & o \\ p & q & r \end{pmatrix}$$
$$= \begin{pmatrix} aj+bm+cp & ak+bn+cq & al+bo+cr \\ dj+em+fp & dk+en+fq & dl+eo+fr \\ gj+hm+ip & gk+hn+iq & gl+ho+ir \end{pmatrix} \tag{D.2}$$

3次元直角座標で、x軸まわりに α、新しいz軸まわりに β の順に時計回りに回転する場合、それぞれの行列を乗じることとなり次のようになる。

$$\begin{pmatrix} x \\ y \\ z \end{pmatrix} = \begin{pmatrix} \cos\beta & -\sin\beta & 0 \\ \sin\beta & \cos\beta & 0 \\ 0 & 0 & 1 \end{pmatrix} \begin{pmatrix} 1 & 0 & 0 \\ 0 & \cos\alpha & -\sin\alpha \\ 0 & \sin\alpha & \cos\alpha \end{pmatrix} \begin{pmatrix} x' \\ y' \\ z' \end{pmatrix}$$
$$= \begin{pmatrix} \cos\beta & -\sin\beta\cos\alpha & \sin\beta\sin\alpha \\ \sin\beta & \cos\beta\cos\alpha & -\cos\beta\sin\alpha \\ 0 & \sin\alpha & \cos\alpha \end{pmatrix} \begin{pmatrix} x' \\ y' \\ z' \end{pmatrix} \tag{D.3}$$

なお、(2.43)、(2.44)、(2.47)において、上式に当てはめると、(2.13)、(2.14)に対応する z' 成分は無いので、結果の式では第3列が不要なため第3列を消去しており、2×3の行列となっている。

付録 E 〔M から E をニュートン法で計算する〕

ケプラーの方程式 $M = E - e\sin E$ から、M を与え E を計算する。

$$y = f(x) = x - e\sin x - M \tag{E.1}$$

とおくと、$y = f(x) = 0$ となる x が求める答えである。(E.1)を微分すると

$$\frac{dy}{dx} = 1 - e\cos x \tag{E.2}$$

となり、これは(E.1)の接線の傾きである。これより、$x = x_0$ での接線は次のように表される。

$$\frac{dy}{dx} = \frac{f(x) - f(x_0)}{x - x_0} = 1 - e\cos x_0 \tag{E.3}$$

(E.3)と x軸との交点($y = f(x) = 0$)のx座標を x_1 とすると次のようになる。

$$\frac{M - (x_0 - e\sin x_0)}{x_1 - x_0} = 1 - e\cos x_0$$

$$x_1 = x_0 + \frac{M - (x_0 - e\sin x_0)}{1 - e\cos x_0} \tag{E.4}$$

同様に、$x = x_1$ での $y = f(x)$ の接線とx軸との交点 x_2 は次式となる。

$$x_2 = x_1 + \frac{M - (x_1 - e\sin x_1)}{1 - e\cos x_1} \tag{E.5}$$

$y = f(x) = 0$ の解は、y とx軸との交点の x だから、x の初期値を $x_0 = M$ とし、(E.4)、(E.5)を繰り返し $x_1 \to x_2 \to x_3 \cdots$ と計算することにより、求める x($f(x) = 0$ となる x)に近づける(図 E.1 にイメージ)。

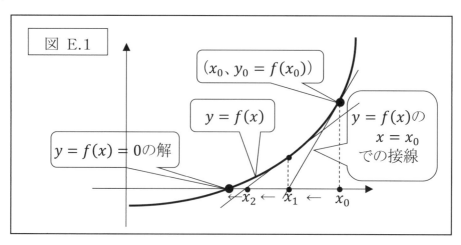

ニュートン法で M から E を求める場合、許容誤差範囲を 1×10^{-4} 度とす

ると、$e \leq 0.2$ では2回(x_2まで)、$e \leq 0.5$ では3回(x_3まで)、$e \leq 0.7$ では4回(x_4まで)、$e \leq 0.8$ では5回(x_5まで)の繰り返し計算が必要である。$e = 0.9$ では5回(x_5まで)でも最大 2×10^{-4}度 程度の誤差がある。

　なお、ニュートン法は2次の収束の特徴を持つので、ここまで来るとその先の収束は早い。

付録 F 〔時系と座標系〕

時系では、基準の時刻と時間の長さが基準となる。これらについて何を基準にするかを明確にしておく必要がある。

また、人工衛星の軌道を計算する座標系では、春分点方向と地球の自転軸を座標軸としている。ところが、春分点方向も地球の自転軸も時間と共に動いていることがわかっている。

そこで、これらに関係する事項の概要をまとめる。

時刻の基準は、イギリスのグリニッジ天文台を通る子午線(グリニッジ子午線)上に太陽が南中した時としている。ところが、地球の軌道は楕円であり、太陽の南中から次の南中までの時間は季節により変化する。そこで、地球から見た太陽の軌道を円とし、等速度で赤道面上を1年に1公転する仮想の太陽を"平均太陽"と呼び、平均太陽を基準とし、平均太陽が子午線を通過する瞬間を12時とする。そして、春分点方向からグリニッジ子午線までの赤道上の角度(または時間)を"グリニッジ恒星時"と呼び通常 θ_g で表す(図 F.1)。

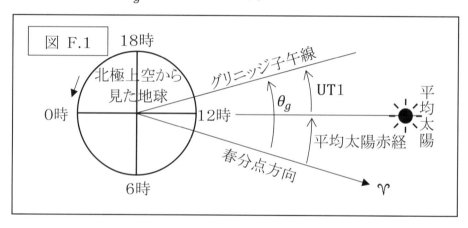

UT1(世界時)は地球上のどこでも同じ時刻であり、地球の自転を基準とする時系で、平均太陽がグリニッジ子午線を横切る時を正午(12時)としている。

地球は、24時間後に平均太陽と同じ位相関係位置になるよう自転している。回転しない春分点方向を基準にすると、地球の自転周期は24時間より約4分短く、角度と時間の関係は次のようになる

$$23時間56分4秒 = 360度 \qquad 59分50秒 = 15度$$
$$24時間 = 360.986度 \qquad 1時間 = 15.041度$$

地球は自転しながら太陽のまわりを公転している。自転と公転は同じ方向だから、正午から次の正午までに自転する角度は 約361度 である。

UT1では 1時間 を 平均太陽日(平均太陽の南中から次の南中までの時間)の24分の1 と定義している。

UT1に対しUTC（協定世界時）は、市民向けの常用時刻が基準としている国際標準である。UTCは1秒の長さは原子時計を基準とし、必要に応じ"うるう秒"と呼ばれる1秒を挿入または除去することによってUT1との差が 0.9秒以内 に保たれるよう調整されている。現在までのうるう秒は常に正（挿入）であった。

　UT1の基となる時系がUT0である。これは恒星等の観測によって決められた時刻である。

　さらに、UT1に年周期と半年周期の成分が含まれているのを補正した時系がUT2である。これは、一様な流れに近くなっている。

　TAI(国際原子時) は、世界50ヵ国以上に設置されているセシウム原子時計を数多く含む約300個の原子時計により維持されている時刻の加重平均である。

　SI（国際単位系）では、「1秒はセシウム133原子の基底状態の二つの超微細準位の間の遷移に対応する放射の周期の 9,192,631,770 倍の継続時間である。」と定義されている。また、1958年1月1日0時0分0秒UT2を1958年1月1日0時0分0秒TAI としそこから積算している。その結果、UTCは2024年1月1日においてTAIから37秒遅れている。

　GPS衛星が発射する電波の時刻信号であるGPST（GPS時）はTAIに裏付けられたリアルタイムの時刻源として広く使われている。GPSTは1980年1月6日0時0分0秒UTCを同時刻のGPSTとして開始した。その時、UTCとGPSTはTAIより19秒遅れていたが、その後、UTCにうるう秒が入ったことから、現在GPSTはUTCより18秒進んでおり、次のような関係である。

<u>1980年</u>：GPST/UTC⇒19秒⇒TAI　<u>現在</u>：UTC⇒18秒⇒GPST⇒19秒⇒TAI

　うるう秒について、アラブ首長国連合（UAE）のドバイで開催されていた国連の専門機関・ITU（電気通信連合）は、令和5年12月11日に原則2035年までに廃止するとした決議案を採択した。うるう秒を追加する度に、コンピュータなどでシステム障害が発生するリスクが高まるため、ITUが廃止を検討してきたものである。廃止には世界標準時を管理する「国際度量衡会議」での合意も必要で、同総会は昨年11月に決議したが、ロシアは当時、衛星測位システムの改修に時間が必要として反対していた。今回は、40年までの延期を可能にすべきだとした同国の主張が決議案に反映され、賛成に転じた。日本を含む多くの国は、システム改修の必要がなく、廃止による影響は限定的と思われるとのこと。

　地球から見ると、太陽は 1年 に1回地球を回っている（図 F.2）。また、地球の自転軸は、太陽の公転面（黄道面）垂直から 23.44度傾いている。

　地球は真球ではなく、南北より赤道面が大きくなっている。そのため、太陽の引力等による潮汐力（Ⅲ－3 参照）により、自転軸を動かすトルクが発生する（図 F.3 ： 夏至における太陽引力による潮汐力）。

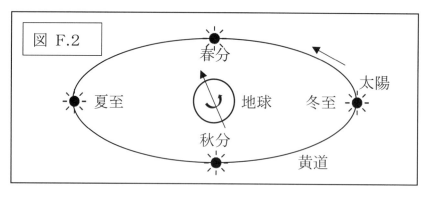

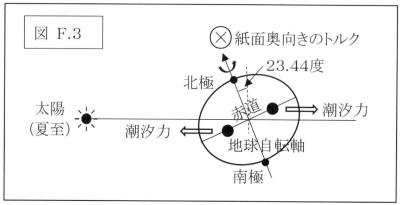

　潮汐力の地球自転軸に垂直な成分が、地球自転軸を紙面奥の方向に倒すトルクとなる。トルクの方向は、夏至と冬至で同じであり、春分と秋分では発生しない。このトルクにより、地球自転軸は黄道面垂直に対し 23.44度 を維持しながら西向きに味噌擂り運動をする（図 F.4）。この味噌擂り運動は"歳差"と呼ばれている。

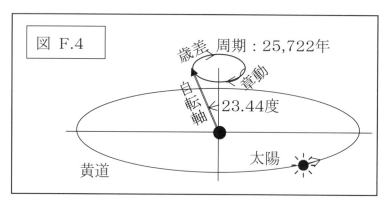

　その結果、春分点方向は年間あたり角度の約50秒の大きさで西向きに移動する。そして、味噌擂り運動の周期は 25,722年 である。

　角度の秒は 1度＝60分＝360秒 とし、それらを表す記号は 度：°、分：′、秒：″ である。

　また、月の軌道面（白道）は黄道面に対して 18.6年周期 で変動している。そのため、地球自転軸は歳差しながら 18.6年 周期で脈動している。

この脈動は"章動"と呼ばれている(図 F.4)。章動の大きさは角度の9秒ほどである。

　Ⅱ－3 の 図 2.6 と同じように、白道面の動きを地心原点の座標系における軌道面ベクトルで表すと 図 F.5 のようになる。これは、月は地球の衛星であることから、Ⅲ－1 地球子午面の扁平による摂動、及び Ⅲ－3 太陽の潮汐力による摂動によるものである。そして Ⅳ－3 の i_{gx}＝7.4度を中心とした54年周期 (図 4.14) の静止軌道の軌道面の摂動と同様である。

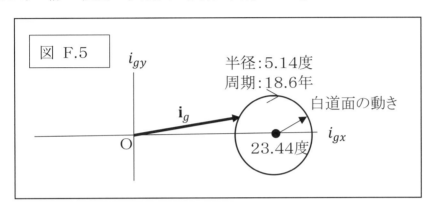

　地球の自転軸は、歳差や章動による動きとは別に、北極は半径 10m 程度の範囲内で円に近い道筋をたどって移動を続けている。北極の 10m は地心から見ると 約0.3秒 に相当する。

　これを"極運動"という。極運動には1年周期と約1.2年(435日)周期の成分がある。1年周期は、地球表層の大気水圏における季節変化に伴う質量分布変化等による。1.2年周期は地球システムの力学的な特性を反映した固有振動で、何らかの外力で励起されなければ観測されない自由振動であると言われている。2種類の極運動は互いに干渉しあい、6年周期で振幅が増減している。

　歳差と章動は慣性空間で見た地球自転軸の動きである。それに対し、極運動は地球固定座標系で見る自転軸の動きであり、北極点は日々少しずつ動き、半径数mの円に近い軌道を約1.2年かけて動いている。

　人工衛星の特定時刻の位置は、固定した座標系で、初期の位置から運動の法則に従って計算する。そうすると、特定の時刻では位置を計算した時点の座標系の軸は計算した座標系から変動している。そのため、衛星の位置を計算した座標から特定の時刻の座標に、要求される位置の精度により、必要に応じ、変換しなければならない。

付録 G 〔惑星の英語名について〕

日本語の惑星名とその太陽からの順番は"水・金・地・火・木・土・天・海・冥"〔すい・きん・ち・か・もく・ど・てん・かい・めい〕と覚えた。これは、"経"を読むように覚えた。歴史の年代は語呂合わせで、例えば"以後読み(1543)易い勝ちと負け"で鉄砲伝来年号を覚えた。

少し違うが、語呂合わせ的な覚え方として、あるドイツ人が、エビを見て「この日本語知っているよ」と言って「アーベー」だろうと、言った。アルファベットの"AB"を英語読みしなければならないところをドイツ語読みしたのだった。

昭和60年頃、フィリピン人から、英語での惑星名の覚え方を教わった。

この覚え方は、語呂合わせでもなく、経読みのようでもない、文の各単語の頭文字を惑星名の頭文字に合わせるという、初めて知った方法だった。

日本語	英語	英語での覚え方
水星	Mercury	My
金星	Venus	Very
地球	Earth	Educated
火星	Mars	Mother
木星	Jupiter	Just
土星	Saturn	Serves
天王星	Uranus	Us
海王星	Neptune	Nine
冥王星	Pluto	Pickles／Pizza

惑星の「惑」という字は「まどう」という意味である。月と太陽は地球中心の座標では地球の周りを回っており、地球から見ると同じ方向に変化をする。それに対し、惑星は太陽の周りを回っているので、地球から見ると複雑な動きをする。そのために「惑う星」を表現したことかららしい。

2006年8月24日、国際天文学連盟により、冥王星が準惑星に格下げされた際、ニューヨークでの中年女性へのインタビューをテレビのニュースで視聴した。まず、上記の覚え方からだった。その女性は、最後の"Pickles"を"Pizza"と言った。フィリピンはピクルスでニューヨークではピザとは、と思ったものだ。惑星の形状からは、例えばオリーブのピクルスのほうが近いように思うのだが。

さらに、冥王星の存在を予測したのは1840年代、発見したのは1930年で、共にアメリカの天文学者だったことから、その女性はこの格下げを残念そうに話していた。そして、上記の覚え方の修正版として、海王星の頭文字"N"は"Nothing"と言った。そしてそれでお終いとした。冥王星が惑星ではなくなったことから、ユーモアのある女性だと感心したものだった。

冥王星が準惑星に格下げされた理由は、他の惑星に比較して大変小さい（直径は月よりも小さい）こと、また軌道は他の惑星に比較し、離心率が大きく、黄道面に対する傾斜角も大きいことからだった。アメリカの天文学者の冥王星に対する思い入れは大きかったようだったが、国際天文学連盟の総会で決まった。

付録 H 〔座標と座標系〕

広辞苑によると、座標、座標系は次のように説明している。

座標 ： 平面上に原点を有し、互いに直交する2本の数直線（ふつう縦横に画き、縦を y軸、横を x軸 と呼ぶ）を定めれば、平面上の任意の点 P からそれぞれの数直線への射影により与えられる。x軸、y軸 への射影をそれぞれ P の x座標、y座標 といい、このように座標を設定された平面を xy平面 という。また空間では、原点を共有する3本の直交する数直線を与えれば同様のことが成り立つ。一般に、幾何学の要素（点・線など）の位置を他の定まった基準要素（平面の場合2直線）に関して一意的に決定する数値の組（平面の場合、2直線への射影）を、その要素の座標という。

極座標 ： xy座標面の点Pを原点（極）O との距離 r と、OP が x軸 となす角 θ との組 (r, θ) で表した座標。

球座標 ： 空間の任意の点 P を、三つの局面すなわち、原点（極）O を中心とする球面（半径 r）、原点を頂点とした z軸 を主軸とする円錐面（頂角 2θ：z軸と円錐面のなす角 θ）、z軸を含む平面（zx面となす角 ϕ）の交点として表す座標。P(r, θ, ϕ) と表す。付録 C の赤経 (α) は ϕ に、赤緯 (δ) は $\pi/2 - \theta$ に相当する。

座標系 ： 座標の種類・原点・座標軸などの総称。

座標系として、（平面、高次元）直交座標系、平面直角座標系（日本国内を測量するために策定された平面直交座標系：公共座標系）、極座標系等がある。

また、別の分類として"慣性座標系"、"動座標系"がある。I－4 で慣性座標系について示した。この説明として、調べてみると以下のようであった。

① Wikipedia ： 外力が働いていない質点が静止し続けるか等速直線運動をするような座標系

②デジタル大辞泉 ： 静止または等速運動をしている座標系

③日本大百科事典 ： ニュートンの運動方程式が成り立つ座標系

④ブリタニカ ： 運動方程式が成り立つ座標系

⑤世界大百科事典 ： 運動の第一法則が成り立つ座標系

2つ以上の質点が存在すると互いに万有引力を及ぼし合い加速度運動する。2体問題では2つの質点の運動を論じており、2つの質点は静止も等速直線運動もしていない。①では質点が1つの場合の表現であり、I－5 と整合がとれない。

②では、慣性座標系が上位の座標系の中に存在するようにも解釈できる。

③ ～⑤は具体的な慣性座標系の説明ではない。

そこで、先達の知恵を拝借しⅠ－4 の表現「力が働いていない物体が静止また
は等速直線運動する座標系」とした。

　Ⅰ－4 の表現では①の表現の質点を物体としている。この物体が2つの質点
から構成され、物体の位置は2つの質点の質量中心であるとすると、(1.8)で確認
したように、質量中心には加速度が生じていないので、静止または等速直線運動
している。従って、Ⅰ－5 と整合し、慣性座標系の表現としても妥当である。

付録 I　〔回転方向と右と左〕

　座標系の回転方向として"時計回り"と表現した。この反対方向は"反時計回り"である。回転の方向の表現には他に"右回り・左回り"や"右ネジの回転方向"も見受けられる。これらの使い分けは特にないのかもしれない。また、トルクの方向で"右ネジの進む方向"として ⊗ という記号を使った。

　時計の針は、通常は右回りである。ある機械工作の得意な理髪師さんが、理髪中や客が前面の鏡に映る後ろの壁に掛けた時計を見ると、針が逆回りになるので、鏡に映った時計の針が右回りになるように作り替えた。これは特殊な時計ではあるが、時計回りにも例外がある。

　回転の方向として、陸上競技場のトラックは左回りで統一されているが、競馬場には左回りと右回りがある。これは、走者や馬の走る方向に対してである。

　右回り左回りは、どちら側から見るかで方向が逆になる。電波には円偏波が、光では円偏光がある。円偏波の回る方向は電波の送信者から見て右回りか左回りかであるのに対し、円偏光は受ける者から見た回転方向である。これは、電波は送信する側が主体であるのに対し、光は、例えば天文学では恒星からの光を受けることが研究の主体であったことからららしい。

　右と左が対になっていることも多い。3人の裁判官で行う裁判の場合、中央に裁判長、その右に右陪席、左に左陪席が座る。右陪席は裁判長よりキャリアが若いが、判事職にあるかキャリア5年以上で最高裁の指名を受けた判事補が務める。それに対し、左陪席はおおむねキャリア5年以下の判事補が務める。そして、右陪席は裁判官の右腕的存在である。

　中世では、天皇の両側で左大臣と右大臣が支援した。天皇の左に左大臣、右が右大臣である。天皇が南向きに座った場合、左大臣が日の昇る東側であることから、左大臣の位が上と考えられていた。裁判官の左右とは位の上下が逆である。

　天皇が住んでいた京都御所から南を見て左側に左京区が、右側に右京区があるのも類似の表現であろう。

　人名で「佐」と「佑」という1字で両方とも「たすく」と読ませている。これも高貴な人や人民等の左右（傍ら）にいて助けることからきているのだろう。さらに「佐佑」と書いて「さゆう」と読み、「たすける」あるいは「補佐する」という意味だ。

　右と左でもう一つ。川の右岸、左岸はどちらから見た右左か。川の流れる方向を向き、すなわち、川上から川下方向を向いて左側が左岸、右側が右岸である。

　電波と光の右回り、左回りもそうだが、このような表現は明確に記憶しておかないと忘れてしまいがちだ。

付録 J 〔サロス周期〕

　サロス周期は、太陽・地球・月の位置関係が相対的にほぼ同じような配置になる周期で、223朔望月（月の満ち欠けの周期）＝6585.3212平均太陽日＝18年10日あるいは11日と8時間（うるう年の回数による）である。そして、日食と月食がほぼ同じ状況で起こる周期でもある。1サロス中に、平均して日食が42回、月食が29回起こる。

　日食と月食は、太陽、地球、月が直線上の配置となる時に起こる。そして、日食では、太陽と月の直径と月軌道の楕円性から、月が地球に近い時に皆既食、遠い時に金環食となることがある。3天体の配置が完全な直線上の配置の時が食の時間が最長となる。

　新月は月が地球から見て太陽側に来た時、満月は月が太陽の反対側に来た時であり、さらに、月が太陽と地球を結ぶ線上付近に来ると、新月の時に日食、満月の時に月食が起こる。

　このようなことから、日食と月食が起こる時期は、朔望月、交点月（月が黄道に対する白道の昇交点通過から次に昇交点を通過するまでの時間）及び近点月（月が近地点を通過してから次に近地点を通過するまでの時間）と密接に関係する。

　すなわち、朔望月は満月と新月の周期、交点月は3天体が直線状に並ぶ周期、で、日食と月食の起こる条件に関係し、近点月は月の地球からの距離に関係するから皆既食と金環食が起こる条件と関係する。平均朔望月（朔望の間隔は、月の軌道が楕円であるため、一定ではないので、その平均）、交点月、近点月は

　　平均朔望月＝29.5305886太陽日 ⇒ 223平均朔望月＝6585.3212太陽日
　　交点月　　＝27.2122208太陽日 ⇒ 242交点月　　＝6585.3575太陽日
　　近点月　　＝27.5545502太陽日 ⇒ 239近点月　　＝6585.5375太陽日

であり、サロス周期は平均朔望月、交点月、近点月の公倍数に近い。

　また、この周期は 19食年＝6585.782太陽日 にも近い。ここで、食年とは、太陽の黄道上の年周運動において、太陽が黄道と白道の交点を通過してから再び交点に来るまでの平均時間 である。この点は、白道が18.6年周期（付録 F 参照）で黄道上を太陽とは逆方向に動くため、1恒星年（地球がある恒星に対して太陽を1周するのに要する時間）より短い。黄道と白道が交わると太陽、地球、月が直線状に並ぶ可能性のある時期であり、食の起こる条件と一致する。

　月食、金環食、皆既食の起こる状況のイメージを 図 J.1 に示す。

　月軌道の離心率は 0.0549 であり、地心からの距離により、金環食や皆既食が起こる。太陽軌道の離心率は 0.0164 であり地球からの距離は月同様に変化するので、その両方の状況で継続時間が変わる。

なお、太陽は1月4日に地球からの距離が近い近地点を通過する。

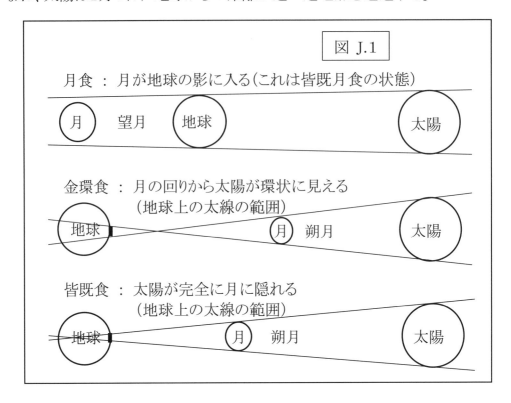

付録 K 〔うるう年〕

「閏」は、太陰暦を採用していた中国で、うるう月に王は門の中にいるならわしがあったので、そのならわしをうつした「会意字」との説がある。

「会意字」とは、漢字で二つ以上の文字を意味で組み合わせて新しい一つの漢字を作る方法で、「日」と「月」で「明」るい、「田」と「力」で「男」などがある。

「閏」は、「潤」と書き誤ったことから訓は「うるう」となったらしい。音は「ジュン」である。

「うるう月」は日のめぐりと月のめぐりを比較して、季節に合わないあまり月の意味らしい。そして、季節と歴月とを調整するため、太陽歴では4年に1度2月を29日とし、このように平年より余分に設けた暦日を「うるう日」、太陰暦では平年を354日と定めていることから、適当な割合で13月を追加しており、この年を「うるう月」、そして、うるう日やうるう月の入る年を「うるう年」という。

英語では「leap year」、「leap day」、「leap second」はあるが、「leap month」は手持ちの辞書では見当たらなかった。これは、太陰歴を採用していないからであろう。

「うるう」は、もともとは「余分に設けた」という意味だから、これまでにはなくこれからもないだろうが、うるう秒（付録 F）には1秒を削除することも想定しているので、他に適当な用語がなかったことからこの用語を採用したのだろう。

現行の暦法はグレゴリオ暦あるいは新暦と呼ばれ、ローマ教皇グレゴリウス13世が命じ1582年10月15日金曜日から行用されており、世界各国で導入されている。これは、1太陽年（太陽が赤道を横切ってから次に同じ方向に横切るまでの時間）を365.2425日とし、4年毎のうるう年に加え、100で割り切れる年毎にうるう年を取りやめ、400で割り切れる年毎にうるう年の取りやめを取りやめる（100で割り切れるがうるう年とする）こととしている。これは、0.2425×400＝97 なので、400年に97回のうるう年を設定したものである。

英語に「quadricentennial」という単語がある。形容詞で「400周年の」、そして、名詞では「400年記念日［祭］」という意味である。グレゴリオ暦の一つの基準である400年を基としているのであろう。

しかし、実際の1太陽年は 365.2422日（365.24219日）なので、それでも次のように1万年に3日ずれる。

1太陽年	＝	365.2422日	太陽の公転周期
	＝	365日	平年
	＋	0.25日	4年ごとに「うるう年」： 4で割り切れる西暦年
	－	0.01日	100で割り切れる年は「うるう年」とりやめ
	＋	0.0025日	400で割り切れる年は「うるう年」とりやめをやめる
	－	0.0003日	これでも10,000年に3日ずれる

2000年は、4で割り切れ（うるう年）、100で割り切れ（うるう年とりやめの平年）、さらに400で割り切れる（うるう年とりやめをとりやめ）ので「うるう年」であった

　グレゴリオ暦以前は、ユリウス暦が行用されていた。これは、グレゴリオ暦の新暦に対し旧暦とも呼ばれている。ユリウス暦は紀元前45年1月1日からガイウス・ユリウス・カエサル（ジュリアス・シーザー）により実施されていたもので、1年の長さを365.25日とし、0.25×4＝1 なので、4年毎にうるう日を設けていた。そのため、ユリウス暦では太陽年とのずれがでてきていた。

　また、天文学や年代学等ではユリウス通日（Jurian Day:JD）も導入されている。ここで、JDのJはジュリアス・シーザーの頭文字である。JDは、西暦−4712年1月1日正午、グレゴリオ暦では西暦−4713年11月24日正午からの時間を小数以下も含めた日数で表したものである。

　ユリウス通日では桁数が多すぎて扱いが不便な場合、修正ユリウス日（MJD）として JD から2,400,000.5を差し引いたものも活用されている。

　これは、1957年にスミソニアン天体物理観測所の宇宙科学者が考案したものであり、ソ連のスプートニクを追跡するために用いられていたIBMのコンピュータの容量が小さく、桁数を小さくする必要があったからである。

　スプートニクの軌道計算においては、元東京天文台長の古在由秀氏（1928〜2018）が尽力された。

　また、小学校4年生だった当時、夕暮れに空を見上げ、飛行しているスプートニクを見つけて感動したのを思い出す。

付録 L 〔静止衛星のE-Wドリフト計算例〕

静止軌道に投入した時の直下点経度を λ_0、t 日後ドリフトレートを $\dot{\lambda}_t$ とすると、t 日後の直下点経度 λ_t は次のようになる。

$$\lambda_t = \lambda_0 + \dot{\lambda}_t t \tag{L.1}$$

また、t 日後のドリフトレートは、初期のドリフトレートを $\dot{\lambda}_0$ とすると

$$\dot{\lambda}_t = \dot{\lambda}_0 + \ddot{\lambda} t \tag{L.2}$$

であり、ドリフトレートの変化率 $\ddot{\lambda}$ は、直下点経度をパラメータとして、次のように(4.43)で得られている。

$$\ddot{\lambda} = f(\lambda) \tag{4.43}$$

これらより、λ_0 より $\ddot{\lambda}$ を求め、$\dot{\lambda}_t$、λ_t を計算することを繰り返し、$t = 0$ から1日刻みで $\ddot{\lambda}$、$\dot{\lambda}_t$、λ_t を計算した結果を示す。

図 L.1 は東経200度に静止した後のドリフトである。

東経200度に静止した衛星は、当初東方にドリフトし、268日後に東経255度でドリフトレートが最大となり、その後はドリフト速度が減少し、567日後に東経314度でドリフト方向が反転している。

そして、866日後に西向きのドリフトレートが最大となり、そこから速度を落とし、1135日後に東経200度に戻る。そこではまたドリフトレートが"ゼロ"となり再び東方へドリフトする。また、東経200度と314度で位置エネルギーが同じであることがわかる。

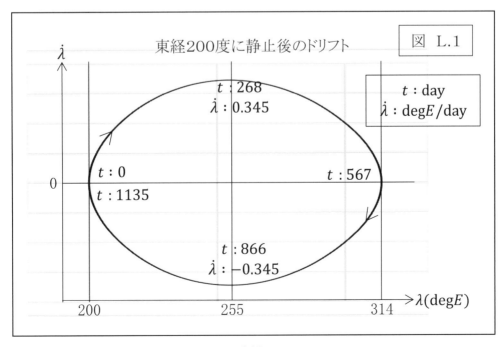

図 L.2 は東経349度の不安定平衡点近辺に静止し東方にドリフト、図 L.3 は東経348度の不安定平衡点近辺に静止し西方にドリフトする場合である。

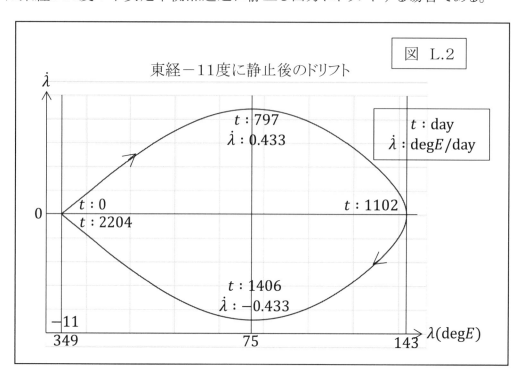

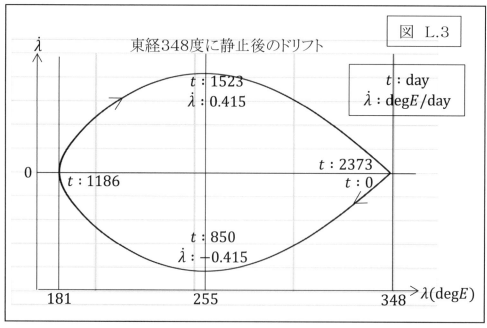

不安定平衡点付近に静止した後のドリフト 図 L.2、3 では、ドリフトレートの変化率がほぼ"ゼロ"地点からのドリフトなので、図 L.1 に比較すると静止直後の動きがゆっくりである。

図 L.4 は東経162度に静止し東方へのドリフト、図 L.5 は東経161.8度に静止し西方へのドリフトである。その中間に位置エネルギーの最大点がある。

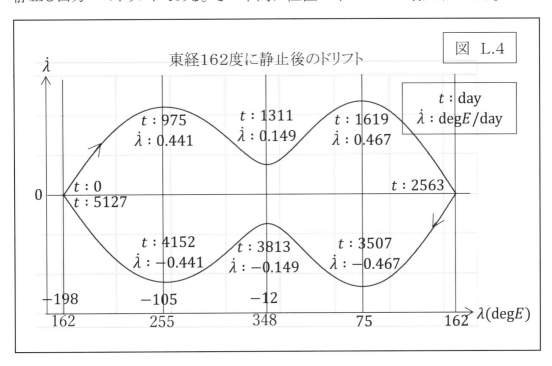

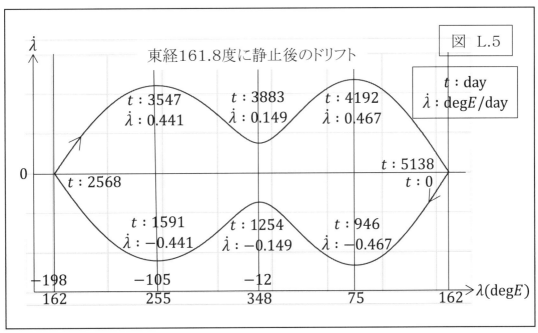

162度及び161.8度からのドリフトでは、この経度はドリフトレートの変化率が非常に小さい(図 4.7)ので、当初の動きが小さい。

また、位置エネルギーの極値となる東経75、255, 348度では $\ddot{\lambda} = 0$ なのでそこでの動きの様子が明確になっている。

ドリフトレートの変化率が"ゼロ"となる経度をさらに詳細に(4.43)により計算すると、東経74.94度、161.90度、254.92度、及び348.48度である。

　また、ドリフトレートの変化率が"ゼロ"の経度に静止させた衛星は、外部からの影響がなければその場での静止を続けることになる。しかし、不安定平衡点では、静止位置が少しでもずれている場合、完全な円軌道でなければ中心差があるため、また、潮汐力等により、ドリフトを開始することになる。それに対し、安定平衡点では、すり鉢の底に物があるように元に戻る力が働き、大きく動くことはない。

付録 M 〔J_2項の静止軌道への影響〕

J_2項による静止軌道 ($a = a_{g2}$、$e = 0$、$i = 0$)への影響を整理すると以下のようになる。

① J_2項を考慮した地球は、均質な球体地球より赤道上の質量が過多であるとみなせる(Ⅲ−1 参照)。

② Ω、ω、M は(4.20)、(4.21)、(4.22)より、それぞれ個別には同じの方向、同じ大きさで変化する。

③ 以下では、$e \cong 0$、$i \cong 0$ の場合、$\dot{\Omega}$(4.20)、$\dot{\omega}$(4.21)、及び$\dot{M}$(4.22)から $e = 0$、$i = 0$ として変化速度を近似計算している。

④ Ω(昇交点の方向) は(4.24)より、約74年周期で西回りに回転する。ここでは、回転半径である i は任意である。

⑤ ω(昇交点から近地点までの角度)は単独では(4.21)より、④と同様に計算すると約37年周期で東回りに回転する。

⑥ $\Omega + \omega$(近地点の方向) は(4.30)より、④と同様に計算すると、約74年周期で東回りに回転する。⑤、⑥では回転半径である e は任意である。

⑦ M(近地点から衛星までの角度) は(4.22)より、④と同様に計算すると、衛星は2体問題での平均運動より $\Omega + \omega$ と同じだけ速く公転する。

⑧ $\lambda = \Omega + \omega + M$(平均経度) は⑥、⑦の和であり、衛星は2体問題より(4.25)のように速く動く。

⑨ ①の結果、接触軌道では2体問題での速度より大きくなり、その結果、衛星位置が常に近地点となる楕円軌道($e \neq 0$)となる。この離心率(e)は変化しない。

⑩ そして、近地点の方向は衛星と同期して回転する。従って、接触軌道の離心率ベクトルも同期して回転する。

⑪ また、衛星が実際に動く実軌道の衛星位置は、常に近地点であり、その軌道は円となる。

⑫ ⑨、⑩、⑪より、J_2項は離心率(e)には直接影響を与えないが、λ の動く速度に影響することから間接的に影響している。

⑬ これに対し、a、i にJ_2項は直接的にも間接的にも影響しない。

⑭ J_2項の影響では離心率(e)は変化しないので、離心率ベクトル先端が描く弧長(円周長)が計算できる。そこで、離心率ベクトル先端の動く速度は近地点方向($\Omega + \omega$)の変化の速度(4.30)であるとして弧長を計算することとする。

⑮ そうすると、近地点方向は衛星の公転と同期して回転するので、その回転半径が⑨の楕円軌道の離心率(e)となる。

⑯ これらのことから、接触軌道の離心率は(4.31)で与えられ、数値を代入して計算すると(4.32)となる。

⑰ これらより、静止軌道の平均軌道、実軌道、接触軌道の関係は(4.33)〜(4.40)となり、図示すると 図 4.5 のようになる。

付録 N 〔J₂項を考慮した静止軌道離心率の別解〕

J_2項を考慮した静止軌道の離心率を Ⅳ-3 i で求め、結果は(4.31)となった。これとは別の解法を堀井道明氏から教わった。それは、半径方向加速度と遠心加速度のバランス条件から解く方法である。

半径方向加速度と衛星質量の積が中心力であり、遠心加速度と衛星質量の積が遠心力であることから、この解法は、Ⅰ-4 で示した動座標系で中心力を打ち消している力が遠心力であることと同じである。

以下にその解法をまとめた。

地球重力ポテンシャル Φ は、地球が均質な球体であれば以下のようになる。

$$\Phi = \frac{\mu}{r} \tag{N.1}$$

ここで、μ は地球引力定数、r は地心からの距離であり、これに摂動を考慮すると次のようになる。

$$\Phi_{J2} = \frac{\mu}{r} + R \tag{N.2}$$

(N.2)の R は摂動関数と呼ばれ、$i = 0$ では地球赤道半径を r_e とすると J_2 項のみを考慮した摂動関数 R_{J2} は

$$R_{J2} = \frac{\mu r_e^2}{2r^3} J_2 \tag{N.3}$$

である。

(N.1)を r で微分すると次のようになる。これは(1.3)と同じであり、摂動を考慮しない場合の衛星に作用する加速度となる。

$$\frac{\partial}{\partial r}\Phi = -\frac{\mu}{r^2} \tag{N.4}$$

(N.2)に(N.3)を代入し、r で微分すると J_2 項を考慮した場合の衛星に作用する半径方向加速度となり、それを α_{J2} とすると次のようになる。

$$\alpha_{J2} = \frac{\partial}{\partial r}\Phi_{J2} = \frac{\partial}{\partial r}\left(\frac{\mu}{r} + \frac{\mu r_e^2}{2r^3}J_2\right) = -\frac{\mu}{r^2} - \frac{3\mu r_e^2}{2r^4}J_2 \tag{N.5}$$

ここで、衛星の地心からの距離 r は2体問題での静止軌道長半径 a_{g2} からの変位は大変小さいことから、その変位を δr とし、これを(N.5)に代入する。

$$r = a_{g2} + \delta r \tag{N.6}$$

151

$$\alpha_{J2} = -\frac{\mu}{\left(a_{g2} + \delta r\right)^2} - \frac{3\mu r_e^2}{2\left(a_{g2} + \delta r\right)^4}J_2 \tag{N.7}$$

(N.7)の第1項は $a_{g2} \gg \delta r$ とし、δr の1次項のみとし、次のように近似する。

$$\frac{\mu}{\left(a_{g2} + \delta r\right)^2} \cong \frac{\mu}{a_{g2}^2 + 2a_{g2}\delta r} = \frac{\mu}{a_{g2}^2\left(1 + \frac{2\sigma r}{a_{g2}}\right)}$$

$$\cong \frac{\mu}{a_{g2}^2}\left(1 - \frac{2\sigma r}{a_{g2}}\right) = \frac{\mu}{a_{g2}^2} - \frac{2\mu}{a_{g2}^3}\delta r \tag{N.8}$$

また、第2項はすでに微小量なので、$r = a_{g2}$ として近似する。そうすると(N.7)は次のようになる。

$$\alpha_{J2} \cong -\frac{\mu}{a_{g2}^2} + \frac{2\mu}{a_{g2}^3}\delta r - \frac{3\mu r_e^2}{2a_{g2}{}^4}J_2 \tag{N.9}$$

ここで、(4.1)より、地球引力定数 μ は、静止軌道では地球の公転角速度を $\dot{\theta}$ とすると

$$\mu = a_{g2}^3\dot{\theta}^2 \tag{N.10}$$

なので、(N.9)は次のようになる。

$$\alpha_{J2} \cong -\frac{\mu}{a_{g2}^2} + \frac{2\mu}{a_{g2}^3}\delta r - \frac{3\mu r_e^2}{2a_{g2}{}^4}J_2 = -\dot{\theta}^2\left(a_{g2} - 2\delta r + \frac{3r_e^2}{2a_{g2}}J_2\right) \tag{N.11}$$

また遠心加速度を α_{CF} とすると、これは回転半径と角速度の二乗の積であり、角速度は静止軌道では地球の自転角速度 $\dot{\theta}$ と同じなので、それに(N.6)を代入する。

$$\alpha_{CF} = r\dot{\theta}^2 = \left(a_{g2} + \delta r\right)\dot{\theta}^2 \tag{N.12}$$

半径方向加速度(N.11)と遠心加速度(N.12)の和は"0"だから、(N.6)は次のようになる。

$$3\delta r \cong \frac{3r_e^2}{2a_{g2}}J_2 \quad \Rightarrow \quad r = a_{g2} + \delta r \cong a_{g2} + \frac{r_e^2}{2a_{g2}}J_2 \tag{N.13}$$

この r は J_2 項を考慮した静止衛星の動径であり、実軌道は円である。

(4.28)、(4.29)より、J_2 項を考慮した静止軌道の長半径 a_{gJ2} は

$$a_{gJ2} = a_{g2} + 2\frac{r_e^2}{a_{g2}}J_2 \tag{N.14}$$

と求められている。J_2項は静止軌道の軌道長半径には周期摂動を起こさないので、平均軌道と接触軌道の長半径は同じである。そして、$r < a_{gJ2}$ だから衛星位置は常に接触軌道の近地点となる。また、平均軌道は円（離心率"0"）であるが、動径 r は軌道長半径と同じではないので、接触軌道の離心率は"0"でななく J_2 項を考慮した接触軌道の離心率を e_{gJ2} とすると次のようになる。

$$r = a_{gJ2}(1 - e_{gJ2}) \tag{N.15}$$

これに(N.13)、(N.14)を代入すると離心率は次のようになる。

$$e_{gJ2} = 1 - \frac{r}{a_{gJ2}} = 1 - \frac{a_{g2} + \frac{r_e^2}{2a_{g2}}J_2}{a_{g2} + 2\frac{r_e^2}{a_{g2}}J_2} \tag{N.16}$$

この第2項を J_2 の1次項のみとして近似し、(N.16)に代入すると

$$\frac{a_{g2} + \frac{r_e^2}{2a_{g2}}J_2}{a_{g2} + 2\frac{r_e^2}{a_{g2}}J_2} = \frac{1 + \frac{1}{2}\left(\frac{r_e}{a_{g2}}\right)^2 J_2}{1 + 2\left(\frac{r_e}{a_{g2}}\right)^2 J_2} \cong \left\{1 + \frac{1}{2}\left(\frac{r_e}{a_{g2}}\right)^2 J_2\right\}\left\{1 - 2\left(\frac{r_e}{a_{g2}}\right)^2 J_2\right\}$$

$$= 1 - \frac{3}{2}\left(\frac{r_e}{a_{g2}}\right)^2 J_2 - \left(\frac{r_e}{a_{g2}}\right)^4 J_2^2 \cong 1 - \frac{3}{2}\left(\frac{r_e}{a_{g2}}\right)^2 J_2 \tag{N.17}$$

$$e_{gJ2} \cong \frac{3}{2}\left(\frac{r_e}{a_{g2}}\right)^2 J_2 \tag{N.18}$$

となる。この結果は(4.31)と同じである。

なお、(N.8)は(3.6)、(N.17)は(3.9)の公式を活用すると、より簡単に近似できる。

付録 O 〔J_2項を考慮した地球赤道上質量過多の試算〕

Ⅲ−1 で「J_2項を考慮した地球は、均質な球体地球より赤道上の質量が過多である」とみなせるとした。そこでは結果のみを記述したので、より具体的になぜ過多とみなせるかをまず考える。

2体問題における静止軌道長半径は(4.2)から

$$a_{g2} = \sqrt[3]{\frac{\mu}{\dot{\theta}^2}} = \sqrt[3]{\frac{GM}{\dot{\theta}^2}} \tag{O.1}$$

である。また、J_2項を考慮した静止軌道長半径は(4.28)、(4.29)、(O.1)より

$$a_{gJ2} = a_{g2} + 2\frac{r_e^2}{a_{g2}} = \sqrt[3]{\frac{GM}{\dot{\theta}^2}} + 2\frac{r_e^2}{a_{g2}} \tag{O.2}$$

である。

均質な球体地球を仮定して衛星の運動を解いたのが2体問題であり、地球が赤道方向に扁平な回転楕円体であるとして解いたのが J_2項を考慮した衛星の運動である。

ここで、$a_{gJ2} > a_{g2}$ だから、J_2項を考慮すると、静止軌道($i = 0$)では(O.1)、(O.2)より地球質量 M が大きくなったのと同等である。このことから、地球の全質量は変わらないので、"J_2項を考慮した地球は均質な球体地球より赤道上の質量が過多であり両極に近い部分の質量が過少である"とみなせる。

そこで、J_2項を考慮した場合の静止軌道から見た赤道上の質量過多分を ΔM_{J2} とし、ΔM_{J2} の M に対する割合(比)を試算する。

まず、"ポテンシャルの観点"から計算する。

J_2項を考慮したポテンシャル Φ_{J2} は(N.2)、(N.3)より

$$\Phi_{J2} = \frac{\mu}{r} + \frac{GMr_e^2}{2r^3}J_2 \tag{O.3}$$

である。

ここで、$\mu = GM$ であり、G は万有引力定数、M は地球質量である。過多分を ΔM_{J2} とすると、静止軌道から見た J_2項を考慮したポテンシャル Φ_{J2} は

$$\Phi_{J2} = \frac{\mu}{r} + \frac{G\Delta M_{J2}}{r} \tag{O.4}$$

である。

(O.3)、(O.4)から次の関係が得られる。具体的な数値は $r_e \cong 6380\mathrm{km}$、$r \cong 42200\mathrm{km}$、$J_2 \cong 1.08 \times 10^{-3}$ だから、代入すると次のように求まる。

$$\frac{G\Delta M_{J2}}{r} = \frac{GMr_e^2}{2r^3}J_2 \quad \Rightarrow$$

$$\frac{\Delta M_{J2}}{M} = \frac{1}{2}\left(\frac{r_e}{r}\right)^2 J_2 \cong \frac{1}{2}\left(\frac{6.38 \times 10^3}{4.22 \times 10^4}\right)^2 \times 1.08 \times 10^{-3} = 1.24 \times 10^{-5}$$

$$(O.5)$$

次に、ΔM_{J2} を"加速度の観点"から計算してみる。

(O.4)を r で微分し

$$\alpha_{J2} = \frac{\partial}{\partial r}\Phi_{J2} = \frac{\partial}{\partial r}\left(\frac{\mu}{r} + \frac{G\Delta M_{J2}}{r}\right) = -\frac{\mu}{r^2} - \frac{G\Delta M_{J2}}{r^2} \tag{O.6}$$

(O.6)、(N.5)より $\mu = GM$ だから

$$\frac{G\Delta M_{J2}}{r^2} = \frac{3\mu r_e^2}{2r^4}J_2 = \frac{3GMr_e^2}{2r^4}J_2 \quad \Rightarrow$$

$$\frac{\Delta M_{J2}}{M} = \frac{3}{2}\left(\frac{r_e}{r}\right)^2 J_2 \cong \frac{3}{2}\left(\frac{6.38 \times 10^3}{4.22 \times 10^4}\right)^2 \times 1.08 \times 10^{-3} = 3.70 \times 10^{-5}$$

$$(O.7)$$

となる。これは(O.5)の3倍である。

また、ΔM_{J2} を2体問題での軌道長半径と J_2 項を考慮した実軌道の動径から計算してみる。

J_2 項を考慮すると静止軌道での実軌道の動径は2体問題での静止軌道長半径より δr だけ大きい(N.6)。静止軌道長半径 a_g は地球の自転角速度を $\dot{\theta}$ とすると(4.1)より、次のようになり

$$a_g = \sqrt[3]{\frac{\mu}{\dot{\theta}^2}} \quad \Rightarrow \quad \mu = \dot{\theta}^2 \cdot a_g^3 \tag{O.8}$$

これを微分すると次のようになる。

$$d\mu = 3\dot{\theta}^2 \cdot a_g^2 da_g = 3\mu\frac{da_g}{a_g} \tag{O.9}$$

これより次の関係が得られる。

$$\frac{d\mu}{\mu} = \frac{GdM}{GM} = \frac{dM}{M} = 3\frac{da_g}{a_g} \tag{O.10}$$

ここで、dM を ΔM_{J2} に、da_g を δr におきかえ、δr に（N.13）を代入すると、円軌道なので

$$\frac{\Delta M_{J2}}{M} = 3\frac{\delta r}{a_g} = \frac{3}{2}\left(\frac{r_e}{r}\right)^2 J_2 \tag{O.11}$$

と求まる。この結果は、（O.7）と同じである。

（O.5）、（O.7）、（O.11）より ΔM_{J2} は地心からの距離の2乗に反比例していることがわかる。

衛星の実位置（実軌道）から計算した（O.11）は（O.7）と同じ結果である。これは、衛星は中心力により地球の回りを公転し、その中心力は加速度に比例する（1.13）ことから理解できる。

J_2 項を考慮したポテンシャルは（N.2）、（N.3）で与えられ、それを位置 r で微分したものが加速度である（N.5）。摂動関数（N.3）は r^3 に反比例しているから、微分すると係数として3が掛かる（N.5）。また、（O.8）より、地球引力定数 μ と a_g^3 は比例関係なので、この微分（O.9）でも係数として3が掛かる。その結果、ΔM_{J2} は加速度の観点（O.7）、及び静止軌道長半径の観点（O.11）からはポテンシャルの観点（O.5）からの3倍となっている。これは、あくまで数式展開からの結果である。

地球の重力場におけるポテンシャルと物体に作用する地球引力による加速度を考える。

地球の重力場におけるポテンシャルと位置エネルギーとはほぼ同じ概念である。まず、これを整理してみる。

"ポテンシャル"は「粒子が力の場の中にあるとき、その位置エネルギーを位置の関数として表したスカラー量」であり、"位置エネルギー"は「力が働いている場で、大きさが位置だけで決まるエネルギー」である。そして、その単位はポテンシャルでは $(\mathrm{m^2 \cdot s^{-2}})$、位置エネルギーは $(\mathrm{kg \cdot m^2 \cdot s^{-2}})$ である。そのため、ポテンシャルを「単位質量のエネルギー」とも定義している。位置エネルギー（A.2）とポテンシャル（N.2）では天体力学の定義では符号が異なる（通常の物理学の定義では両者の符号は同じ）が、位置エネルギーを物体の質量で除した絶対値とポテンシャルの絶対値は同じである。

また"エネルギー"は「物理的に仕事をなしうる諸量の総称」で、ここでは、「物体が力学的仕事をなし得る能力」である。

衛星に作用する加速度は地球と衛星間の万有引力によるもの（1.3）であり、加速度と衛星質量の積は中心力（1.13）である。そして、その単位は加速度では $(\mathrm{m \cdot s^{-2}})$、力は $(\mathrm{kg \cdot m \cdot s^{-2}})$ である。このことから、加速度は「単位質量に作用す

る力」とみなせる。

　これらのことより、(O.5)は"エネルギー"(仕事をなし得る能力：J_2項関連部は r^3 に反比例(N.3))の観点からの ΔM_{J2}、(O.7)は"力"(運動を起こす、また運動の大きさを変える作用：J_2項関連部は r^4 に反比例(N.5))の観点からの ΔM_{J2} であり、その単位も異なる。(O.7)、(O.11)が(O.5)の3倍となっているのは、この観点の違いも要因であると思われる。

　前述のように、ΔM_{J2} は地球質量 M の一部であり、均質な球体地球に比較し、質量分布として南北半球の極に近い部分の質量が小さく、その分赤道上の質量が ΔM_{J2} だけ大きくなっているということである。

　付録 C では地球形状について扁平の観点から触れた。これに対し、ここでは質量の観点からの考察である。

　また、ここでの ΔM_{J2} は実際の質量ではなく、エネルギー(ポテンシャル)や力(加速度)の観点から見た疑似質量(見かけの値)であると言えるだろう。

付録 P 〔太陽系の記号〕

Ⅱ-1 で座標軸の基準の一つに牡羊座の記号である「♈」を紹介した。また、付録 G で惑星の英語名とその覚え方も紹介した。

ここでは、天文学で使用されている太陽系の記号（表記法）と由来を紹介する。なお、由来には諸説があるようで、その一部である。各天体の諸元も記した。

	記号	記号の由来　／　公転周期、質量、衛星数
太陽	☉	"金"を表す古代文字 質量は約$2×10^{30}$kg、惑星が周りを回っている
月	☾	"銀"を表す古代文字 27日、地球の約1／81倍、地球の衛星
水星	☿	"使者"と言いう意味で、翼のある兜を図案化したもの 88日、地球の約1／18倍、衛星なし
金星	♀	"女神"金星は伝統的な女を表す鏡の記号 225日、地球の約0.8倍、衛星なし
地球	⊕	"地"の記号の転用、あるいは赤道と子午線 365日、約$6×10^{24}$kg、衛星は月
火星	♂	"男神"火星は伝統的な男を表す矢あるいは盾と槍の記号 687日、地球の約1／10倍、2個
木星	♃	"稲妻あるいは雷"を表す記号 11.86年、地球の約318倍、48個以上
土星	♄	かつて"クロノス"と呼ばれていたのでその頭文字Kを図案化 29.46年、地球の約95倍、個体粒子集合体の輪＋35個以上
天王星	♅	1781年に発見され、"白金"の記号の転用 84年、地球の約145倍、27個以上
海王星	♆	1864年に発見され、海神（ポセイドン）の持つ"三叉のヤス" 165年、地球の約17倍、8個以上
冥王星	♇	1930年に発見され、英語名（Pluto）の初め2文字"PL" 248年、地球の約1／500倍、3個

これらの記号は、軌道力学の業務に従事していた時に大変お世話になった竹内端夫氏 から記念に頂いたタイピンに彫られていたもので、記号の由来についての説明メモも付いていた。

付録 Q 〔1日と1年〕

付録 F で地球の自転周期(慣性空間で同じ向きになるまでの時間)は24時間より約4分短いことを紹介した。この時間は"恒星日"と呼ばれ 23時間56分4秒＝23.9344時間 である。

それに対し、平均太陽の南中から次の南中までの時間を"太陽日"と呼び、ちょうど 24時間 である。

図 Q.1 に恒星日と太陽日のイメージを示す。太陽の南中から次の太陽南中までが太陽日であり、無限遠の恒星を基準とした地球の自転周期が恒星日であり、地球の公転は1日に約1度なので、太陽日は恒星日より約4分長くなる。

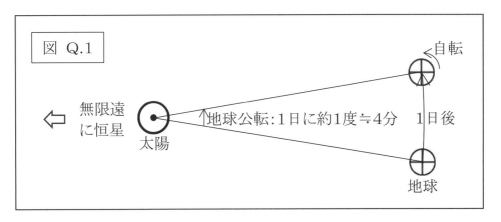

太陽日、恒星日と同じように、1年の長さも"太陽年"と"恒星年"がある。

太陽年は、太陽が赤道面を横切ってから次に同じ方向に横切るまでの時間で、その長さは 365.2422日＝365日5時間48分46秒（付録 K 参照）である。

これは、春分から春分、秋分から秋分、夏至から夏至、及び冬至から冬至までの時間と同じであり、"回帰年"とも呼ばれている。

これに対し、恒星年は太陽が天球上のある恒星に対する位置から再び同じ位置に戻るまでの時間、太陽が天球(観測点から眺めた、半径無限大の仮想の球面)を360度一周するのに要する時間で、地球の公転周期(地球が太陽の周りを一周する時間)であり 365.256363日＝365日6時間9分10秒 である。そして、恒星年は慣性座標系での1年ということになる。

太陽年と恒星年の差の要因は、春分点が地球自転軸の歳差(付録 F)により変化しているためである。また、恒星年の長さは他の惑星の地球に及ぼす摂動によって1万年に1秒の割合で長くなっている。

1日の長さは地球の自転周期、1年の長さは地球の公転周期が基になっている。慣性座標系では恒星時、恒星年であり、日常の生活には太陽日と太陽年が密接であり、カレンダーは太陽年に基づいている。

付録 R 〔特殊な衛星軌道とその利用〕

Ⅳ 章で静止軌道、Ⅴ 章で太陽同期準回帰軌道を考えた。ここでは、これらがどのような軌道であるかを再確認する。また、それらの特長とどのように利用されているかを紹介する。

まず、いろいろな軌道とその特徴を整理する。

回帰軌道	:	地球1自転の間（1恒星日）に、衛星が何周回かし、元の"交点経度"（衛星が赤道を北から南に横切る時の直下点経度）に戻る軌道
準回帰軌道	:	地球が複数回自転した後（複数恒星日後）に、衛星が元の交点経度に戻る軌道 元の交点経度に戻るまでの衛星の周回数を"回帰周回数"という
同期軌道	:	回帰軌道のうち、衛星が1周回した後（ほぼ衛星の1公転後）に元の交点経度に戻る軌道
静止軌道	:	同期軌道のうち、円軌道（離心率＝0）で軌道面が赤道面に一致（軌道傾斜角＝0）している軌道
太陽同期軌道	:	衛星の軌道面と平均太陽（付録 F 参照）が常に一定の角度を保つ軌道
太陽同期 　　準回帰軌道	:	太陽同期軌道と準回帰軌道の両方の条件を満たしている軌道

静止軌道にある衛星は、地上からの方向が常に一定であることから、通信・放送や定点観測に適している。

この軌道を利用したのが通信・放送衛星と気象衛星である。衛星に向けたアンテナを設置すると、常に衛星からの電波が受信できるので、海外からのレポートやスポーツの実況、離島や海外との通信に活用されている。また、地球上の雲の動き等を連続して観測しているのが気象衛星である。気象衛星には、各地の気象情報の収集や配信にも活用されており、これは通信衛星の機能も持っている。

太陽同期準回帰軌道にある衛星は、毎日同じ地方太陽時に衛星が通過するため、太陽角度がほぼ一定であり、地表反射光を観測する光学センサの観測条件がほぼ同じである。また、軌道傾斜角が大きいことから地球のほぼ全体を観測できる。そのため、多くの地球観測衛星ではこの軌道を採用している。

地球観測衛星は、災害対策（台風・洪水・土石流・地震・火山噴火等の観測）、森林・水資源の把握・管理、森林の増減、水産資源（海水温等）、農産物の植生、温室効果ガス排出量、オゾンホールの変化、熱波・エルニーニョ現象、海洋汚染・海流、流氷、土壌水分の観測　等に活用されている。

付録 S 〔太陽同期性維持制御の計算〕

V−5 の後半で検討し計算した太陽同期性の維持に関する計算では、特に注意が必要なこととして"単位"がある。

まず、時間については 年(year)、日(day)、分(min)、秒(s) を使い分けている。また、角度に関しては 度(deg)と弧度(rad) の使い分けを間違えないようにしなければならない。

計算に電卓を使用する場合には、その有効桁数を考慮して計算することが肝要であるとともに、数式を入力して計算可能なプログラム関数電卓が有用である。

V−5 での計算にエクセルを活用した。以下にその概略を紹介する。

まず、入力として 軌道長半径(a_T(km))、軌道傾斜角(i_T(deg))、交点地方太陽時(T_{lT}(時))、及び 交点地方太陽時の許容範囲(ΔT_l(分)) とした。そして、以下のように順次計算した。また、三角関数内の角度は弧度に変換している。

① $\Omega - \alpha_s = \alpha_T$ の計算。(S.5)の準備。

$$\alpha_T = \frac{360}{2\pi} T_{lT} = 15 \cdot T_{lT} \ (\text{deg}) \tag{S.1}$$

② 平均運動(n) の計算(4.1)。

$$n = \sqrt{\frac{\mu}{a^3}} = \sqrt{\frac{3.986 \times 10^{14}}{(a_T \times 10^3)^3}} \cdot 86400 \ (\text{rad/day}) \tag{S.2}$$

③ 衛星公転周期(P) の計算(1.19)。

$$P = \frac{2\pi}{n} \ (\text{day}) \tag{S.3}$$

④ 衛星速度(v) の計算(2.3)。

$$v = \sqrt{\frac{\mu}{a}} = \sqrt{\frac{3.986 \times 10^{14}}{a_T \times 10^3}} \ (\text{m/s}) \tag{S.4}$$

⑤ 軌道傾斜角ドリフト速度(di/dt) の計算(5.35)。

$$\begin{aligned}
\frac{di}{dt} &= \frac{3}{8} \cdot \frac{n_e^2}{n} \sin i_T (1 + \cos^2 i_s) \sin 2\alpha_T \\
&= \frac{3}{8} \cdot \frac{\left(n_e \frac{\pi}{180}\right)^2}{n} \sin i_T (1 + \cos^2 i_s) \sin 2\alpha_T \ (\text{rad/day})
\end{aligned} \tag{S.5}$$

ここで $n_e = 0.9856$(deg/day)、$i_s = 23.44$(deg) である。

⑥ 地方太陽時変化率の変化率($\ddot{T}_l$) の計算（5.52）。

$$\ddot{T}_l = \frac{72 \cdot 60}{2 \cdot P} \left(\frac{6378}{a_T}\right)^2 \cdot 1.08264 \times 10^{-3} \cdot \sin i_T \cdot \frac{di}{dt} \ (\text{min/day}^2) \tag{S.6}$$

$72 \cdot 60$ は $72(\text{hour})$ を (min) に変換している。

⑦ 制御間隔(t_i) の計算（5.56）。

$$t_i = 4 \sqrt{\frac{\Delta T_l}{|\ddot{T}_l|}} \ (\text{day}) \tag{S.7}$$

⑧ 制御間隔での軌道傾斜角(Δi_l) の計算（5.57）。

$$\Delta i_l = \frac{di}{dt} \cdot \frac{t_i}{2} \cdot \frac{180}{\pi} \ (\text{deg}) \tag{S.8}$$

⑨ 制御の大きさ(Δv) の計算（5.58）。

$$\Delta v = 2 \cdot \Delta i_l \cdot v \ (m/s) \tag{S.9}$$

付録 T　　〔**ALOS 軌道保持の試算**〕

　ALOS（だいち）は2006年1月24日に打上げられた「陸域観測技術試験衛星（Advanced Land Observing Satellite）」である。

　JAXAの公開資料 地球観測データ利用ハンドブック－ALOS編－ による衛星軌道のノミナルパラメータは以下である。ノミナル軌道要素は、摂動を考慮していないので、平均軌道要素である。

軌道種類	太陽同期準回帰軌道
降交点通過地方太陽時	午前10時30分±15分
軌道高度	691.65km（赤道上） （軌道長半径 ： 7069.79km）
軌道傾斜角	98.16度
周回数	14＋27/46 周回/日
回帰の周回数	671周回
回帰日数	46日
最大軌道間距離	59.7km（赤道上）
軌道回帰精度	±2.5km（赤道上）
基準となる昇交点経度	パス671において東経0.234度
疑似元期	2003年6月26日00時00分00.00秒

　ここで、最大軌道間距離 59.71km（赤道上） は ϕ/Y であり、その角度は

$$(59.71 \div 6378) \times (180 \div \pi) = 0.5363度$$

である。これは、回帰周回数からも ϕ/Y は次のように計算できる。

$$360 \div 671 = 0.5365度$$

　さらに、軌道回帰精度 ±2.5km（赤道上） は赤道上の経度に換算すると

$$(2.5 \div 6378) \times (180 \div \pi) = 0.02246度$$

である。軌道保持の計画では $\Delta\lambda_m = 0.022度$ とする。

　また、ALOSの軌道として次の記載もある。

離心率	0.00105
軌道傾斜角	98.16度
昇交点赤経	255.9度
近地点引数	90度

　これは、疑似元期における平均軌道要素であると思われる。(5.33)に軌道長半径と軌道傾斜角を代入すると、凍結軌道の離心率ベクトルはこの離心率と近地点引数となることから、衛星は凍結軌道に投入されていることがわかる。

また、RESTECのホームページにALOSについて以下の紹介がある。

衛星質量		約4,000kg
寸法	本体	約6.2m×3.5m×4.0m
	太陽電池パドル	約3.1m×2.22m
	PALSARアンテナ	約8.9m×3.1m

赤道上高度 691.65km は平均軌道から計算したものであると思われる。実際の高度はこれより高い軌道を飛行している。実際の飛行高度に近いと思われる高度700km の大気密度は Modified Harris-Priester モデルでは以下である。

最小密度：0.020g/km^3 、 最大密度 ： 0.22g/km^3

これらの情報からALOSの軌道保持制御について試算する。

JAXAの資料には"ALOSのミッション運用に対しては、高精度の軌道回帰精度が要求されており、高頻度（最大7日に1回程度）の定常的な増速軌道制御の実施が予定されている"、"降交点通過地方太陽時の変動を補正するため、打上げ後約2.5年経過時に、傾斜角制御の実施が想定されている"との記述がある。

まず、軌道回帰精度を維持するための軌道長半径制御について試算する。

衛星進行方向の断面積を概算すると次のようになる。

PALSAR アンテナは、常に地球方向を向いているとするとその進行方向の断面積は小さいので考慮しないこととする。本体は、最も大きい面が進行方向に向いているとするとその面積は

本体の断面積 ≒ 6.5×4.0 ＝ 26m^2

太陽電池パドルは本体の反地球方向に取り付けられているとし、常に太陽方向に面しているので、降交点通過の地方太陽時が 10時30分 だと 67.5度 進行方向に対し傾いており、進行方向に面した断面積は

太陽電池パドル断面積 ≒ 3.1×22.2×cos67.5 ＝ 29.7m^2

である。これより、衛星の進行方向断面積は

26＋30 ＝ 56m^2

として試算する。そうすると da/dt は(5.32)より、大気密度最小〜最大で

$$\frac{da}{dt} = -2.5 \frac{A}{W} \rho \cdot v_0 \cdot a_T = 3.2\text{m/day} \sim 35.3\text{m/day} \tag{T.1}$$

である。

これらから、(5.44)、(5.42)、(5.45)により計算すると、大気密度最小では

$$\Delta a_m \cong \sqrt{\frac{8 \times 7070 \times 10^3 \times 3.2 \times 0.022}{3 \times 360}} = 60.7\text{m} \tag{T.2}$$

$$t_m \cong \frac{2 \times 60.7}{3.2} = 37.9\text{day} \tag{T.3}$$

$$\Delta v \cong 60.7 \sqrt{\frac{3.986 \times 10^{14}}{(7070 \times 10^3)^3}} = 0.065\text{m/s} \tag{T.4}$$

大気密度最大では

$$\Delta a_m \cong \sqrt{\frac{8 \times 7070 \times 10^3 \times 35.3 \times 0.022}{3 \times 360}} = 201.7\text{m} \tag{T.5}$$

$$t_m \cong \frac{2 \times 201.7}{35.3} = 11.4\text{day} \tag{T.6}$$

$$\Delta v \cong 201.7 \sqrt{\frac{3.986 \times 10^{14}}{(7070 \times 10^3)^3}} = 0.214\text{m/s} \tag{T.7}$$

となる。

　この試算では、進行方向の断面積を前述のような仮定で求めていること、また、予測の精度や余裕を考慮して、最大7日に1回程度の増速制御が予定されているのであろう。

　次に、降交点通過地方太陽時の保持のための軌道傾斜角制御について試算する。試算は 降交点通過地方太陽時10時30分（これより $\Omega - \alpha_s = 157.5$度である）、交点地方太陽時の許容範囲 $\Delta T_e = 15\text{min}$ とし、付録 S で紹介したエクセルのツールを使用して試算した。

$$\frac{di}{dt} \cong -0.033\text{deg/year} \tag{T.8}$$

$$\ddot{T}_l \cong -4.3 \times 10^{-5}\text{min/day}^2 \tag{T.9}$$

$$t_i \cong 2366\text{day} = 6.5\text{year} \tag{T.10}$$

$$\Delta i_l \cong 0.11\text{deg} \tag{T.11}$$

$$\Delta v \cong 28\text{m/s} \tag{T.12}$$

　疑似元期（2003年6月26日0時0分0秒）における軌道傾斜角 98.16deg、昇交点赤経 255.9deg が打上げ時の投入軌道であるとすると、2003年の夏至は

6月22日だったので、打上げ時の地方太陽時は 図 T.1 より 10時48分前後である。

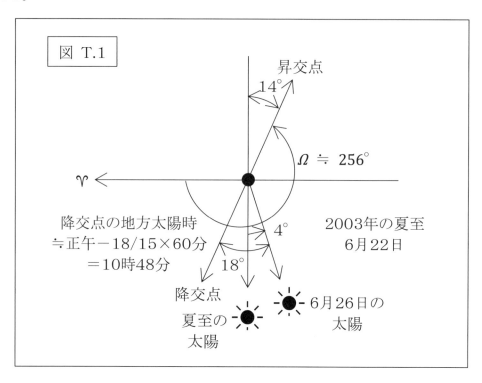

地方太陽時が許容範囲から逸脱する前に軌道傾斜角を制御しなければならないから、それまでの時間は最大で(5.56)より

$$t_i \cong 2\sqrt{\frac{(18+15)/2}{|\ddot{T}_l|}} = 1239 \text{day} \cong 3.4 \text{year} \tag{T.13}$$

と求まる。さらに、交点地方太陽時の許容範囲に5分の余裕を設けると

$$t_i \cong 2\sqrt{\frac{(18+10)/2}{|\ddot{T}_l|}} = 1141 \text{day} \cong 3.1 \text{year} \tag{T.14}$$

となることから、打上後約2.5年経過時に傾斜角制御の実施が想定されているのであろう。

付録 U 〔人工衛星の軌道運用〕

　Ⅰ章からⅥ章では、軌道に関して解析的な方法で検討した。ここでは、見方を変え、軌道運用の面から、経験も踏まえて考える。

　まず、昭和50年代に異なる組織の静止衛星軌道投入の現場を経験したことから、その前提条件や考え方の違いを紹介する。

　当時の日本では、Ｎロケットで静止衛星を打ち上げていた。このロケットは3段式、1・2段は液体燃料で誘導装置付き、3段は固体燃料の誘導装置なしであった。このロケットは種子島から打ち上げられ、近地点高度約200km、遠地点高度はほぼ静止高度（35,788km）の長楕円軌道、軌道傾斜角は28度程度、近地点と遠地点は赤道上空付近の軌道に投入していた。そして、3段ロケットに誘導装置がないことから、投入軌道の遠地点高度は±1000km程度の誤差を想定し、事前に軌道投入後の運用計画を準備していた。

　同じころ、ヨーロッパ宇宙機関では、南米ギアナからアリアンロケットで静止衛星を打ち上げていた。このロケットは3段式、全段が液体燃料で誘導機能があることから、投入軌道の誤差は小さく、事前に準備されていたのはノミナル軌道に投入された場合のみであった。また、射場が赤道に近いことから、投入された軌道の傾斜角は8度程度であった。遠地点と近地点のノミナル高度はＮロケットでの打ち上げとほぼ同じであった。

　ヨーロッパと日本との間の職員交換プログラムにより、ヨーロッパ宇宙機関運用センターに滞在していた時、1984年に打上げられた2つの静止通信衛星運用の現場に軌道投入チームの一員として参加する機会を得た。その時、次のような違いを経験した。

　衛星が軌道に投入された後、投入軌道とスピン軸方向を推定し、投入された長楕円軌道の遠地点でアポジモーターと呼ばれる固体ロケットを噴射して静止軌道に近い軌道に投入するため、スピン軸の方向をアポジモーターの噴射方向に制御する。この長楕円軌道での運用では、日本はスピン軸方向の推定が一番重要であると考えており、そのため、スピン軸を推定するためのデータがより良い条件で得られることを第一優先に運用計画を作成していた。それに対し、ヨーロッパ宇宙機関では、スピン軸を変更する制御がこのフェーズでは最大の難関だとして、この制御の間は可能な限りスピン軸方向の変化をモニターできるように運用計画を立てていた。

　この運用計画の違いについて、ヨーロッパ宇宙機関の軌道運用責任者とかなり議論したが、双方の主張は互いに受け入れられず、平行線に終わった。しかし、日本でもヨーロッパでも相当数の静止衛星の軌道投入に成功していることから、異なる2つの考え方は、それぞれ一長一短はあるものの、経験に基づいたそれぞれが最善と考える運用計画だった。

このように、ロケットの性能の違いによる事前に準備する範囲、考え方の違い等により運用計画に違いが生ずるが、これが運用の現場である。

それに対し、軌道力学の理論は日本とヨーロッパ宇宙機関で違いはなかった。純粋な理論は同じでも、現場での考え方は全く異なることもあるという対極を垣間見た経験であった。

以上は、昭和時代の静止衛星の打ち上げ方法である。最近の日本の静止衛星はH-ⅡAロケットで打ち上げられている。このロケットは2段式ではあるが、第2段ロケットは再着火及び再々着火が可能で、静止衛星の軌道投入では再着火の機能により、3段式ロケットと同様な軌道に投入される。そして、第2段も誘導機能があるので、投入軌道の誤差はアリアンロケットでの投入誤差と同程度である。

ロケットの再着火や再々着火機能、衛星に搭載するアポジエンジン（燃料が液体の場合、モーターではなくエンジンと呼ぶ）あるいは電気推進エンジン等、時代と共にロケットや推進装置の技術が進歩している。このように、技術の進化に対応するため現場の運用方法もそれに合わせて変化する。

これらの違いは、燃料及び推進薬消費効率と推力である。個体燃料のアポジモーターに比べ、アポジエンジンや電気推進エンジンの消費効率は大きいが、推力は小さいので、軌道制御に要する時間は長くなる。そして、衛星も大型化し、小さな推力で長時間にわたり軌道制御をすることとなる。

消費効率を表すのに比推力が用いられる。これは、燃料あるいは推進薬の噴射速度と標準重力加速度の比で、単位は秒で表される。また、推力は衛星に加わる力で、燃料を燃焼させ、あるいは推進薬を触媒と反応させる等により噴射してその反作用として得られる力であり、単位はニュートン（N：$1N＝1kg・m/s^2$）を用いている。

固体燃料のアポジモーター、液体燃料のアポジエンジン、電気推進エンジンの順に比推力が大きくなり、推力は小さくなる。アポジエンジンや電気推進エンジンを使用した場合の軌道制御については、例えば地上局からの可視状況等も含め軌道運用の観点から最適化の研究開発が進められてきた。アポジエンジンではアポジモーターよりも噴射時間が長くなるため、瞬時に加速したとする近似ではなく、運動方程式を逐次積分して最適化されている。2006年に打上げられた静止衛星きく8号では4回に分けてアポジエンジンを噴射している。また、この衛星には南北方向の軌道制御のために電気推進エンジンの一種であるイオンエンジンが搭載されている。

ロケットで投入された軌道の遠地点付近でアポジモーター（アポジエンジン）を噴射すると、衛星は静止軌道に近い軌道（ドリフト軌道：周期が静止軌道と同じではなく、東西方向にドリフトしているので、このように呼ばれている）に投入され、その後で軌道の微修正を繰り返し、目標の軌道に投入する。

この制御では、ガスジェットエンジン等が使われている。搭載されているエンジンは地上で十分に検査され、性能を計測してそのデータを基に制御の計画を立案する。それでも、環境の異なる宇宙空間での使用では、事前に計測したデータから性能のずれがある。そこで、制御ごとにその性能を評価し、その後の制御に反映することになる。

　また、制御で使用する推進薬の量には限りがあることから、残推進薬の量を推進薬タンクの圧力からだけでなく、毎回の制御で使用した推進薬の量を計算して推定することも、衛星の運用寿命のより正確な推定のために重要な項目である。

　さらに、ガスジェットエンジンに代わってイオンエンジンも活用されている。イオンエンジンはガスジェットエンジンに比べ、推力は大変小さいが比推力が格段に大きいため、推進薬は少なくて済む。結果的に多量の推進薬を搭載でき、衛星の長寿命化につながる。イオンエンジンはガスジェットエンジンよりかなり推力が小さく、長時間噴射することとなるため、ガスジェットエンジンを使用する場合には瞬時に加速したとの近似で軌道制御の計画を立ててもほとんど問題はなかったが、運動方程式を逐次積分して計画することとなる。そして、イオンエンジンを使用する場合には長時間の連続噴射、あるいは短時間の噴射を重ねる等の運用が必要となる。

　比推力を比べると、ガスジェットエンジンでは200秒程度、アポジエンジンでは500秒程度、イオンエンジンは2500〜4000秒程度である。また、推力は、ガスジェットエンジンは1〜50N 程度、アポジエンジンでは500N 程度、イオンエンジンは25〜50mN 程度である。

　質量が数トンの静止衛星の南北方向保持にイオンエンジンを使用した場合の噴射時間を試算すると次のようになる。

試算条件 ：
　　　　衛星質量 2t 、 年間の制御量 (4.73)より50m/s/年、 推力 50mN
噴射時間の試算 ：
　　　　$2 \times 10^3 \text{kg} \times 50 \text{m/s/年} \div (50 \times 10^{-3} \text{kg} \cdot \text{m/s}^2) = 2 \times 10^6 \text{秒/年}$
　　　　　　　 $= 556時間/年 = 1.52時間/日 = 91分/日$
南北方向の軌道保持制御位置は、Ⅳ－4 で検討したように昇交点、降交点

以上より ： 毎日、昇交点と降交点でそれぞれ約45分イオンエンジンを噴射

　静止軌道では、太陽輻射圧による摂動を考慮しなければならない。また、太陽同期準回帰軌道では、大気抵抗による摂動を考慮しなければならない。大気密度は太陽活動により大きく影響を受ける。そのため、摂動量は、それまでの推定値、さらに太陽活動の予測から推定することになり、推定値の不確定性も考慮してその後の軌道保持や制御計画に反映することとなる。

Ⅳ章の静止軌道とⅤ章の太陽同期準回帰軌道は一般摂動法で軌道の摂動を考え、軌道保持の制御は瞬時に加速されたとして扱った。それに対し、ラグランジュ点付近の探査機の動きは特別摂動法で運動方程式を逐次数値積分し、アポジエンジン、電気推進ジンでも必要に応じ運動方程式を逐次積分しなければならないので、適時、一般摂動法と特別摂動法を組み合わせて活用することになる。

　人工衛星の軌道は、地上の追跡局から衛星までの距離やその方向を計測して、そのデータから推定する。付録 F で紹介したように、地球の自転軸は一定ではなく、太陽や月の引力により動いている。衛星の位置や速度は地心を原点とする座標系で表される。そのため、軌道の推定に際し、地上局の位置も同じ座標系で表さなければならないので、地球自転軸の歳差や章動を考慮して地上局の座標も要求精度により補正しなければならない。

　このように、軌道運用の現場では、事前の軌道力学等の理論面からの解析だけではなく、運用条件や各種の制約、機器の性能等を念頭に運用計画を立案し、打ち上ってからは適時状況により運用状況に応じ臨機応変に変更しながら進めなければならない。これらには経験の積み重ねも重要な要素となる。

索　引

― アルファベット ―

CGPM（国際度量衡総会）........ 126
GPST（GPS時）.................... 133
GPS衛星 59
ITU（電気通信連合）.............. 133
L1点............................ 113, 119
L2点............................ 112, 120
L3点............................ 113, 120
L4点..................................... 111
L5点..................................... 111
non-zonal...............................35
SI（国際単位系）.................... 133
TAI(国際原子時).................... 133
tesseral項 35, 66
UT0 133
UT1（世界時）...................... 132
UT2 133
UTC（協定世界時）................ 133
Vis-viva の式....................20, 25
zonal項................................35

― ア行 ―

安定平衡点 68
位置エネルギー 24, 123
一般摂動法 122, 170
緯度引数 28, 32, 57
うるう月 143
うるう年 143
うるう日 143
うるう秒 143
運動エネルギー 24, 123
運動の法則 1
運動量..................... 10, 124
衛星の平均運動.......................55
永年摂動 59
エネルギー 124
エネルギー保存の法則.......24, 124
遠日点.................................13

― カ行 ―

遠心力..................................2, 5
円制限3体問題..................... 107
円制限3体問題の特殊解........ 107
遠地点................................. 18
オイラー........................10,107
牡羊座................................. 18

回帰軌道 85, 160
回帰周回数 88
皆既食 141
回帰年................................. 159
回帰日数 88
回転座標系 31
角運動量 10, 124
角運動量保存の法則 11, 25, 124
加速度................................. 1, 2, 3
加速度運動 3
カルテシアン軌道要素17, 26, 27, 52
慣性系................................. 3
慣性座標系 3, 4, 6, 138
慣性質量 123
慣性の法則 1, 3
軌道傾斜角 18, 28
軌道長半径 13, 18, 27
軌道の摂動 35
軌道面ベクトル.................. 32, 50
逆行軌道 86
球座標 138
球体地球 35
極運動............................. 135
極軌道.................................90
極座標............................. 138
金環食 141
近日点................................. 13
近地点................................. 18
近地点引数 18, 28
近点離角 19

171

グリニッジ恒星時..............33, 132
グリニッジ子午線.................. 132
グレゴリオ暦........................ 143
月食.................................. 141
ケプラー........................ 9, 18
ケプラーの法則 9
ケプラーの方程式............20, 24
ケプラリアン軌道要素 18, 26, 27, 52
向心力.............................. 5
恒星年.....................85, 159
恒星日.....................88, 159
交点経度 85, 88, 101
交点経度のドリフトレート.......... 102
交点周期 87, 89
交点月.............................. 141
交点の地方太陽時.................. 104
古在由秀 144
コリオリ力 117, 118, 121

－ サ行 －

歳差................................ 134
朔望月.............................. 141
座標................................ 138
座標系....................132, 138
作用反作用の法則.................. 1
サロス周期........................ 141
3次元直角座標.....................17
ジオイド 35
ジオポテンシャル面................35
時系................................ 132
仕事................................ 125
質点................................ 2
質量.............................1, 123
質量中心........................2, 3
修正ユリウス日 144
重力................................ 123
重力加速度 123
重力質量 123
準回帰軌道 85, 87, 160
準回帰軌道の関係式 90

準回帰性の維持.................... 101
準天頂衛星 59
春分点方向 18
昇交点.............................. 18
昇交点赤経 18, 28
章動................................ 135
真近点離角 14, 19, 27
新暦................................ 143
推力................................ 168
正三角形解 110, 111
静止軌道 160
静止軌道長半径......................75
静止軌道の摂動......................59
静止軌道の保持......................78
静止または等速直線運動.......... 3
西方移動 89
西方移動量............................88
赤緯................................ 127
赤道座標系 18,26
赤経................................ 127
接触軌道 60
接触軌道要素 60
摂動源................................35
摂動力................................36

－ タ行 －

大気抵抗 44
大気抵抗係数 97
太陽同期軌道................85, 160
太陽同期準回帰軌道 85, 90, 160
太陽同期準回帰軌道の条件.......86
太陽同期準回帰軌道の保持..... 101
太陽同期性の維持................ 104
太陽年............................ 159
太陽日............................ 159
太陽輻射圧 44, 74
太陽輻射圧係数......................74
楕円体地球 35
短周期摂動 59
力 1, 123

172

地球引力定数 2
地球重力ポテンシャル 35
地心 17
中心差.................................. 31
中心力.................................. 2, 4
超越方程式 28
長周期摂動 59
潮汐力................................38, 98
直線解................................ 110, 113
デカルト 17
同期軌道 160
動径 19
凍結軌道 97, 99
東西方向軌道保持 78
動座標系 3, 5, 8, 138
等速直線運動 1
東方移動 89
特別摂動法 122, 170
ドリフトレート 56
ドリフトレートの変化率 66
トロヤ群 118
トロヤ点 118

－ ナ行 －

南北方向軌道保持 82
2体問題.................................. 6
日周回数 88
日食.................................... 141
ニュートン 9
ニュートン法.................... 29, 130

－ ハ行 －

場 123
ハロー軌道 118, 121
万有引力 1, 2
万有引力定数......................... 1
万有引力の法則.................. 1, 10
比推力................................ 168
標準重力加速度..................... 123
不安定平衡点.........................68

ブラーエ 9
平均運動 20, 23, 26
平均軌道 60
平均軌道要素.........................60
平均近点離角 19, 28
平均経度 33
平均朔望月 141
平均太陽 85, 132
平均太陽日 132
平衡点................................67
扁平率 127
ポテンシャル 67, 124
ホドグラフ 12

－ マ行 －

面積速度 9, 10

－ ヤ行 －

有効断面積 74
ユリウス通日 144
ユリウス暦 144
洋ナシ型................................37

－ ラ行 －

ラグランジュ 107
ラグランジュ点 107,118
ラグランジュ点の安定性 114
ラグランジュの惑星方程式.... 35, 52
力学的エネルギー 24, 124
リサジュー........................... 122
リサジュー軌道 118, 122
離心近点離角 19, 27
離心率................ 13, 18, 27, 127
離心率ベクトル 32, 49

－ ワ行 －

惑星運動に関する3法則............ 9
惑星運動の第1法則............9, 11
惑星運動の第2法則............9, 10
惑星運動の第3法則..........7, 9, 14

173

[著者] 田中 彰

1948年1月　徳島県生まれ
1966年3月　徳島県立城南高等学校卒業
1971年3月　同志社大学工学部電子工学科卒業
1973年3月　同志社大学大学院工学研究科電気工学専攻修士課程終了
1973年4月〜2004年6月　宇宙開発事業団／宇宙航空研究開発機構
　　　　　　人工衛星の静止軌道投入及び静止軌道保持、国際宇宙ステーションの国際調整、人事等の業務に従事
2004年6月〜2012年3月　有人宇宙システム株式会社
2011年4月〜2020年3月　家庭裁判所家事調停委員

高校数学で解く軌道力学

発行日　2025 年 1 月 11 日　第 1 刷発行

著　者　田中　彰

発行者　田辺修三
発行所　東洋出版株式会社
　　　　〒 112-0014　東京都文京区関口 1-23-6
　　　　電話　03-5261-1004（代）
　　　　振替　00110-2-175030
　　　　https://www.toyo-shuppan.com/

印刷・製本　日本ハイコム株式会社

許可なく複製転載すること、または部分的にもコピーすることを禁じます。
乱丁・落丁の場合は、ご面倒ですが、小社までご送付下さい。
送料小社負担にてお取り替えいたします。

©Akira Tanaka 2025, Printed in Japan
ISBN 978-4-8096-8721-1
定価はカバーに表示してあります

ISO14001 取得工場で印刷しました